国家林业局普通高等教育"十三五"规划教材

高等院校园林与风景园林专业规划教材

普通高等教育"十一五"国家级规划教材

园林树木整形修剪学

（第 2 版）

李庆卫　主编

U0199224

中国林业出版社

内容简介

本教材共13章，包括绪论，整形修剪的植物学、生物学、生理学、美学、园林学等理论基础，整形修剪的原则和程序，整形修剪的时期与周期，整形修剪的技法和常见问题，苗圃中各类苗木的整形修剪，园林绿化施工栽植时树木的修剪，园林养护过程中行道树、庭荫树、园景树、花灌木各类树木的整形修剪等。尤其是新增加的树木根系的修剪与管理内容，对于统筹园林树木的安全性、功能性与艺术性关系很有帮助。附录中列出了各类花木修剪的检索表，读者修剪某类花木时可以通过附录直接查到相应的树种修剪的要点。本教材既有系统的整形修剪文字叙述，也有详细的专业插图，适合作高等院校园林、风景园林、园艺专业的教材，也可作园林苗木、绿化施工和养护管理人员培训的教材和工具书。

图书在版编目（CIP）数据

园林树木整形修剪学/李庆卫主编 . – 2 版 . —北京：中国林业出版社,2018.1（2023.12 重印）

国家林业局普通高等教育"十三五"规划教材　高等院校园林与风景园林专业规划教材　普通高等教育"十一五"国家级规划教材

ISBN 978-7-5038-9369-8

Ⅰ.①园…　Ⅱ.①李…　Ⅲ.①园林树木 – 修剪 – 高等学校 – 教材　Ⅳ.①S680.5

中国版本图书馆 CIP 数据核字（2017）第 280467 号

策划、责任编辑：康红梅　贾麦娥

电话：（010）83143551　　　　　　传真：（010）83143516

出版发行　中国林业出版社（100009　北京市西城区刘海胡同 7 号）
　　　　　E-mail：jiaocaipublic@163.com　电话：（010）83143500
　　　　　http：//lycb.forestry.gov.cn
经　销　新华书店
印　刷　北京中科印刷有限公司
版　次　2011 年 1 月第 1 版（共印 1 次）
　　　　2018 年 1 月第 2 版
印　次　2023 年 12 月第 2 次印刷
开　本　850mm×1168mm　1/16
印　张　15
字　数　354 千字
定　价　55.00 元

高等院校园林与风景园林专业规划教材
编写指导委员会

《园林树木整形修剪学》（第2版）编写人员

主　编：李庆卫

编写人员：（以姓氏笔画为序）

朱　军（新疆农业大学）

杨　平（北京市圆明园公园管理处）

李文广（黑龙江省大庆市城市管理局）

李庆卫（北京林业大学）

李冰冰（河南城建学院）

宋　涛（国家林业局林业干部管理学院）

张艳霞（河南省周口市林科所）

武荣花（河南农业大学）

郑　帆（河南省周口市园林管理处）

柳　燕（厦门大学嘉庚学院）

钟　原（北京林业大学）

耿　满（河南省周口市园林管理处）

遆羽静（北京林业大学）

《园林树木整形修剪学》（第1版）编写人员

主　编：李庆卫

编写人员：李庆卫　杨　平　朱　军　刘学祥
　　　　　姜　伟　邹　萌　梁东成　李文广
　　　　　柳　燕　李静梅　郑维伟　魏　玮

主　审：陈俊愉　陈有民　董保华

第 2 版前言

　　党的二十大报告指出："从现在起，中国共产党的中心任务就是团结带领全国各族人民全面建成社会主义现代化强国、实现第二个百年奋斗目标，以中国式现代化全面推进中华民族伟大复兴。"中国式的现代化为园林树木整形修剪学教学改革和技术创新指明了方向，在整形修剪过程中，应该坚持修剪技法与园林风格相协调，总的原则是以自然式修剪为主，促进树木健康生长，增强树木碳汇功能，助力碳达峰和碳中和"双碳目标"的实现，同时对于需要精细化管理和规则式修剪的树木，采取机械化和智能化修剪，结合化学修剪，降低修剪的人工成本，提高修剪效率，适应我国人口老龄化的新形势，以实际行动助力中国式现代化的实现。

　　《园林树木整形修剪学》(第 1 版)自 2011 年出版至今已经 12 年了。12 年来，该教材被高等学校、科研院所、生产实践部门广泛使用，得到了一线单位的好评，同时也对教材提出了更高要求，希望能将最新的研究成果增补进来。北京林业大学园林学院、北京林业大学教务处的领导和中国林业出版社教育分社也十分关心本书的修订工作。

　　本次修订是在第 1 版的基础上，订正了错误和不妥之处，更换了部分图片，增加了树木根系修剪一章内容，主要包括裸根苗和传统容器苗根系常出现的问题和修剪方法、种植施工时根系的修剪和养护时期根系的修剪等。

　　本次修订感谢北京市黄垡苗圃李迎春高级工程师提供的容器苗照片。同时，也对各地园林部门的鼓励和帮助一并致谢。

编　者

2023 年 12 月

第1版序言

　　园林树木整形与修剪是园林树木养护工作的一个部分、一个分支，其目的是在园林树木选用、分类、生态习性尤其是接受人工整形与修剪的能力与幅度上探讨"虽由人作，宛自天开"的整形技艺。由于整形修剪之目的是综合多样的，既须服从树种习性要求，更要在其本性可忍受的幅度内达到改善环境、美化环境和提供优美游憩环境的目的。所以，在园林树木的整形修剪上须做到树木本性与人们要求的辩证统一。此外还必须考虑节约建园，注意节省人工，力戒费工费时。

　　果树和园林树木既有其相似之处，也有其不同之点。因为果树是以生产果品为目标，而园林树木则是园林绿化的基本素材，其任务是综合性的。但是过去书中园林树木学有关整形修剪的内容，却是沿着果树的路子而套取模仿下来的。由于缺少针对性，故难解决实际问题。

　　李庆卫博士主编的这本《园林树木整形修剪学》却是一反旧规，根据园林树木的任务和目标，建立了一套适合于园林树木栽培应用的原理与技艺，包括理论基础、原则、时期，以及各类树木在不同时期的整形与修剪，这就突出了特色，有了明确的针对性，当然就形成了理论联系实际的专书。这是本书成为具有特色与创新精神的优秀教材的基础，令人耳目一新，身心大振。应当说，《园林树木整形修剪学》是较好又较新，有中国特色的小课的好教材。

　　其次，该书在概述若干基本理论的基础上，着重从不同时期（苗圃中、栽植时、园林中）不同树木（荫木类、花木类、特殊造型与修剪）来分别论述，既有综论，也突出了特色；既讲明了共性，又点出了个性——这是本书又一成功之处。

　　最后，图文并茂，相得益彰，是本书的又一特色。很多不易讲清楚的事，一看到照片和线条图，马上就见图识字，眼明心亮。对于树木整形修剪这类仅用文字不易讲清楚的事，适当多用图对照，看来是必要的，也是立竿见影的。

　　以上简列了本书的几项优点与成功之处，其余还有些大大小小的经验就不另罗列。

　　我是个习惯于"两点论"的人，尤其对于自己的学生，更是如此。本着这个习惯，我要在这小序中给本书提出点意见与建议。

首先，对于整形修剪之综合性目标，主编是认识清楚的。但在写出书稿时，却不必要把若干细节讲得过分具体、几乎定型了。这样做，有两个可能导致的偏差：一是使读者照本宣科，照猫画虎；二是对读者讲得太具体，反而可能导致依赖性。

其次，"第 12 章树木的特殊造型与修剪"，著者出于好心，要把所有的各种做法都介绍出来，但又不加裁评地合盘捧出，易产生推崇、引导人工繁复整形修剪之倾向，请予注意。

园林树木整形修剪是一桩综合性的难题，它是一门小课，但涉及面很广，要求较高，既要满足多方的需要，又要突出重点、带方向性地引导读者把这重要技艺做好，才可满足生态文明的宏观要求；既要把工作做好，符合科学原理，还经济实用地创造人工第二自然。总之，园林树木整形修剪学要在科学发展观和"人树合一"的前提下，解决好有关问题，为广大民众服务。这种中国式的园林树木整形修剪为奔向"虽由人作，宛自天开"的新高度而做出贡献，需要我们著者、编者、应用者、学习者和广大爱好者的共同奋斗。

中国工程院资深院士

北京林业大学教授、博士生导师

2010 年 11 月

第 1 版前言

　　随着科技的发展、社会的进步，人们对环境质量的要求越来越高：追求美观、安全、经济和适用的园林景观。这一目标需要科学的设计，健康美观的苗木，合理的栽植、养护、修剪才能实现。整形修剪学知识要贯穿始终。然而很多从业人员不具备园林树木整形修剪的有关知识，导致出现很多问题：如苗圃中苗木有数量没质量或苗圃有规模没效益；园林绿化施工中栽植成活率低或成活率高而景观质量差；园林或人居环境中部分庭荫树、行道树安全性差，园景树和花灌木风格与环境不协调不美观等。可以说从园林苗圃企业，到绿化施工单位，再到养护管理机构都特别需要这方面的人才：他们要具备园林树木整形修剪专业知识和技能。过去在高等教育的教材中，整形修剪知识在"园林苗圃学"和"园林树木栽培养护"课程中分别只有一节或一章内容，已经不能满足日益发展的园林建设的需要。高等教育的课程设置一门课一般为一个学期或一个学年，学生对树木修剪反应很难进行持续的观察，因此，本书绘制了大量插图，来说明树木的修剪反应和整形修剪的过程，对于学生学习非常有益。西方传统园林中应用了很多规则式修剪，这种规则式修剪和造型植物的养护管理是费工费时的，在中国传统园林中很少采用，在现代中国园林中也不宜大力提倡。但鉴于我国的高等教育已经与国际接轨，有些毕业生要到国外工作或交流，并且在国内部分园林中有应用，因此，本书对这些修剪技法做了详细介绍，但是务请读者理解编者的初衷并不是要在国内大力提倡规则式修剪。本书既可以作为高等学校园林、风景园林、观赏园艺专业方向的"园林树木整形修剪学"课程的专门教材，也可以作为园林树木栽培养护学之辅助教材，也适用于园林树木栽培养护管理人员。

　　为使本书理论联系实际，本书主编特邀生产实践第一线的同志组成了本书编委会，他们是：北京圆明园管理处杨平高级工程师（园林设计）、新疆农业大学园林教研室朱军副教授（园林设计）、烟台市建设局刘学祥教授级高级工程师（园林管理）、烟台园林处姜伟高级工程师（园林施工）、天津园林局园林绿化研究所邹萌高级工程师（园林植物）、广东省林业厅天井山林场梁东成高级工程师（生产与管理）、大庆儿童公园李文广高级工程师（园林管理）、厦门大学嘉庚学院建筑与景观学院柳燕高级工程师（园林设计）、天津花卉苗木服务中心李静梅工程师。研究生郑维伟、魏玮参加了部分章节的编写工作。

全书分为 12 章，内容包括绪论，整形修剪的植物学、生物学、生理学、美学、园林学等理论基础，整形修剪的基本原则和程序，整形修剪的时期与周期，整形修剪的技法和常见问题，苗圃中各类苗木的整形修剪等，园林树木栽植时的修剪，园林中各类树木的修剪等。为了统筹减少篇幅与增加修剪针对性的关系，本书在附录中列出了各类花木修剪的检索表，读者修剪某类花木时可以通过附录直接查到相应的树种修剪的要点。

本书成稿后，承蒙我的恩师——94 岁高龄的中国工程院资深院士、北京林业大学博士生导师陈俊愉教授审阅了书稿，为本书作序，把握了方向；北京林业大学园林学院陈有民教授、中国科学院植物研究所北京植物园董保华高级工程师审阅了书稿，遵照三位先生的审稿意见进行了修改，使本书增色不少。北京林业大学的刘通、王一伟、李静、马庆磊、李萌、张婧远等同学绘制了部分插图。对以上老师和学生的大力帮助表示由衷的感谢！本书参考了前人的研究成果或文献资料，在此也表示真诚的谢意！中国林业出版社的贾麦娥编辑为本书的出版付出了大量心血，在此一并表示感谢！感谢北京林业大学教务处和园林学院的大力支持！

由于时间仓促，书中可能有不少缺陷，恳请广大读者批评指正！

李庆卫

2010 年 7 月

目　录

第 1 章
绪 论

[**本章提要**]简述了整形修剪的概念、历史；整形修剪学产生的背景及其主要内容和学习方法。详细讲述了整形修剪的目的、意义和作用，并重点介绍了园林规划设计、施工和养护人员学习园林树木整形修剪的重要性。

1.1 园林树木整形修剪学的概念、任务及学习方法

1.1.1 园林树木整形修剪学的概念

园林树木是指适合于各类风景名胜区、休闲疗养胜地和城乡各类型园林绿地应用的木本植物。

整形修剪经常连用，通常被当作一个名词来理解。其实，整形和修剪既有联系又有区别。所谓整形是指对树木采取一定的措施，使之形成一定的树体结构和形态，通常是对幼树而言；成年老树也可以整形，如盆景制作中有许多就是对成年树木进行整形，但在园林中的整形还是以幼树为主。修剪是对植株的某些器官，如干、枝、叶、花、果、芽、根等进行剪截或删除的操作。整形是通过修剪来完成的，修剪又是在整形基础上为达到某种特定目标而进行的操作。可以说整形是目的，修剪是手段。

园林树木整形修剪学是研究园林树木整形修剪的科学技术和艺术。具体讲，是研究如何根据园林树木的生态习性、生物学特性及其所处的园林环境(包括生态环境、配置环境)和园林用途，以及美学规律，通过截、疏、放、伤、变等相应的整形修剪技术措施，对树木进行适当的整形和维护的学科。

1.1.2 园林树木整形修剪发展简史

1.1.2.1 中国园林树木整形修剪的产生与发展

中国是世界"四大文明古国"中唯一文明没有中断的国家。我国古代劳动人民，很早就知道利用自然界的树木为人类服务。河南新郑裴李岗遗址地下发掘的炭化的梅核和枣核，浙江余姚河姆渡遗址考古发现有炭化的梅核，以及盆栽万年青的陶片。这些炭化果核的发现都证明我国对树木应用至少有 7000 年的历史，而陶片是中华先民

将植物用于观赏的萌芽。中国的五帝时期(前 2550—前 2140 年),随着农业的发展,林木种植与管理技术有所提高。据《史记·五帝本纪》记述,"黄帝时播百谷草木……"即按季节播种谷物果木。这是我国古代造林科学技术的开端。我国最早的诗歌总集《诗经》(前 11 世纪—前 6 世纪)记载了多种观赏植物的特征与风姿,如"桃之夭夭,灼灼其华"(《周南·桃夭》)等。秦王嬴政在前 221 年统一中国,在京都长安建阿房宫、上林苑,广种花、果、树木。说明古代对植物就是先从经济实用为主,然后逐渐发展为观赏。在扬雄(前 53—前 18 年)《蜀都赋》中有"被以樱、梅,树以木兰"等,说明花木果树用于城市绿化已经有 2000 年以上的历史。西晋嵇含(263—306 年)撰《南方草木状》记述了华南植物 80 种。东晋戴凯之《竹谱》记载了 70 多种竹子,是我国第一部观赏植物专谱。

北魏贾思勰的《齐民要术》是中国现存最早最完整的古代农学名著,也是世界农业史上最著名的农业专著之一。作者尊重自然规律,发挥主观能动作用,强调实践和节俭,尊重生产技术的历史延续性和当时群众的技术经验,以求真务实的科学态度,对前人的经验加以验证总结提高,升华为农业科学技术精华。其中以抗旱保墒为中心的精细技术,种子处理和选种育种技术,播种轮作和间混套种技术,动植物保护和饲养技术等对今天的生产仍有指导或借鉴意义。如在整形修剪方面,古人在树木栽培和篱笆营造时就开始重视整形修剪技术。

《齐民要术》第四卷园篱第三十一"秋上酸枣熟时,收,于垄中播种之。至明年秋,生高三尺许,间断去恶者,相去一尺留一根,必须稀播均调,行五条直相当。至明年春,剥去横枝,剥必留距,若不留距,侵皮痕大,逢寒即死。剥讫即编为巴篱……"文中"剥去"即剪去。贾思勰指出,剪去横分枝权时要保留基部的一小段,像鸡距那样,不能齐基部切到底,那会侵伤树皮,伤口太大,冷天会冻死。其实此处所说的"鸡距"就是 20 世纪 80 年代西方人刚开始提出的"枝领",说明我们的祖先不仅勤劳而且智慧很高。卷五《种桑柘》有"剥桑",即修剪整枝。这些记载反映了我国劳动人民至少在北魏时期已经懂得修剪的技巧。《齐民要术》栽树第三十二记载"凡栽一切树木,欲记其阴阳,不令转易阴阳,易位则难生。小小栽者不烦记也。大树之,小则不。"文中"之"即对主枝进行适当短截,不但是避免风摇,更为了减少蒸腾,至今采用。说明移植修剪的重要性。《文子》曰:"冬冰可折,夏木可结,时难得而易失……"中"结"即曲,夏季枝条柔软,可以蟠曲,也就是改变枝条方向,强调了夏季整形修剪的重要性。"正月尽二月,可剥树枝"反映了古人对修剪时期的重视。

唐朝(618—907 年)就有人提出用刀剪来修整树木的形体。如唐代的李贺,曾诗曰"绿波浸叶满浓光,细束龙鬐铰刀剪"。古人在种植泡桐后,为使其加速郁闭成材,培养通直主干,还要进行修枝抚育。《桐谱》指出:凡植后至干抽条时,必生歧枝,日频视上,如歧枝萌五六寸许则去之。高者手不能及,则以竹夹折之。到三二年,则刀去其枝,恐其长而头下垂故也。伺其大,则缘身而上,以快刀贴身去,慎勿留桩,只经一两春,自然皮合也。文中告诉我们,泡桐栽植后,要常观察,对分枝要等它长到 15 ~ 20cm 时,予以剪除(夏剪),修枝忌留茬,以利愈合。这些经验至今仍可借鉴。

宋代(960—1279 年)观赏园艺繁荣，花卉专谱盛行。如欧阳修的《洛阳牡丹记》(1031 年)反映宋初的牡丹选种、育种、品种分类、栽培繁殖等。刘蒙的《菊谱》(1104 年)，范成大的《梅谱》(约 1186 年)，陈景沂的《全芳备祖》(1256 年)，张峋的《洛阳花谱》，苏颂的《本草图经》，沈立的《海棠谱》，周师厚的《洛阳花木记》等，可见中国观赏园艺当时在世界是处于领先地位的。

明、清两代北方皇家园林和江南私家园林盛行。明代王象晋的《群芳谱》(1621 年)是很有名的花卉专著。清代陈淏子《花镜》(1688 年)是花卉栽培技艺的总结。另外，有汪灏《广群芳谱》等名著。自明代后期观赏园艺商品化生产渐趋兴旺。如北京丰台花乡出现花卉专业户，河南姚家花园、山东菏泽赵楼村、广州花田等地出现花卉商品化生产。

民国时期观赏园艺业基本是停滞不前。

1949 年中华人民共和国成立，20 世纪 50 年代是观赏园艺业恢复时期。60 年代出现受挫，70 年代末花卉重新被认识，80 年代进入日趋繁荣的局面。20 世纪 70 年代以来，我国园林树木的栽培技术有了长足的进步，树木栽培中开始应用树木移植机，最近 30 年来，化学修剪开始应用。园林树木类出版物很多，其中陈俊愉、程绪珂主编的《中国花经》、陈俊愉主编的《中国农业百科全书·观赏园艺卷》，陈有民教授主编的《园林树木学》等记述了大量园林树木整形修剪技术。

在观赏园艺发展的历史上，整形修剪技术很重要，但是这些知识一直是零星分散在不同的著作中，少有专著。20 世纪 80 年代以后，邹长松编著的《观赏树木修剪技术》(1988 年)，张秀英编著的《观赏花木整形修剪》(1999 年)，胡长龙编著的《观赏花木整形修剪图解》(1996 年)对园林花木的修剪都发挥了很好的指导作用。与此同时，日本、欧美等国家的园林树木整形修剪著作也逐渐增多。尤其近年来，欧美国家的整形修剪技术发展很快。中西方园林风格的差异，使得二者在整形修剪方面也有不同。如中国园林是起源于殷商，而且是以囿的形式出现的。《周礼》："囿人掌囿游之善禁，牧白兽"。《周礼》："园圃树之瓜果，时敛而收之"，《说文解字》："园，所以树果也；种菜曰圃"，可知园圃是古代农业栽培果树蔬菜的场所，并非游憩的园。而囿是繁殖和放养禽兽供猎游的场所，是游憩生活的场地。所以说，中国最早的作为游憩生活境域的形式是囿。到秦汉，在囿的基础上发展为苑，如汉之上林苑。以后又有园池、山池、园、园圃、宅院、别园。园林一词最早出现于北魏杨炫之的《洛阳伽蓝记》"……园林山池之美诸王莫及"。今天的园林包括了庭园、花园、宅园、公园、小游园、植物园、动物园、森林公园、风景区、绿地等，"园林"一词的内涵和外延都在发展。在中国，果园的起源要早于园林。在整形修剪方面，果树的修剪历史更悠久，技术发达，值得园林树木整形修剪时借鉴。但借鉴不等于照搬，毕竟二者的栽培目的不同。

1.1.2.2　世界其他各国整形修剪发展简史

据史料记载，公元前 4000 年古埃及的陵园已栽植树木。前 600 年在巴比伦的城市建造公园且有规则的植树。前 500 年古希腊城市内有栽植悬铃木和杨树的记载。

1600 年英国教堂周围成行栽植榆树。1600 年巴黎栽种行道树林阴大道。美国在殖民地时期模仿欧洲,1645 年才开始有意识地在北美大规模植树;1830 年首次营造符合现代概念的行道树。1911 年出版第一本树木栽培的教科书。

欧洲是现代植物学的起源地。在欧洲,树木的基质栽培、无伤探测、受伤树木的修补等技术处于领先地位,也重视树木的造型,在行道树、园景树、树篱、攀缘植物等的整形修剪方面有独特之处,对园林树木养护和管理非常重视。

美国很重视园林树木的整形修剪,主要表现在整形修剪的科学研究活跃,并出版了专门的树木整形修剪高等教育教材,颁布了美国国家园林树木整形修剪标准(ANSIA 300)以及苗木国家标准等,园林树木整形修剪实现了规范化和标准化。

1.1.2.3 有中国特色的园林树木整形修剪学产生的必要性

时代在发展,科学在进步,社会对园林树木的重视日益增加。当前工业化、城市化、全球化步伐日益加快,信息交流也随之加快,在世界范围内整形修剪的新设备、新技术发展很快,修剪专著不断出现。中国是世界花园之母,有悠久的农业文明,同时改革开放的中国应当吸收一切文明的成果,应当"洋为中用,古为今用",既要继承我们祖先总结的行之有效的成功经验,又要吸收西方文明的成果,不断学习新技术,形成具有中国特色的园林树木整形修剪学。

园林树木整形修剪学的产生是园林事业发展的需要。简单归纳如下:

(1)园林树木美化功能的发挥需要园林树木整形修剪学

园林树木种类繁多。有的色彩缤纷,花朵繁密;有的硕果累累,果形奇特;有的叶色多变,叶形新奇;有的姿态优美,神韵俱佳,这些形成了园林树木的个体美。但叶、果、花的颜色及大小受光照、营养等多因素影响,如果不进行整形修剪,这些个体美就得不到充分的发挥。

园林树木成排、成片、成林科学化、艺术化栽植,构成色彩、形体对比,季相变化等,又形成了园林树木的群体美,但群体美的构建和保持也需要对树木进行整形修剪。让我们试想一下,如果路边的行道树不进行整形修剪势必会高低参差不齐,树形各异则影响群体美的效果。

树木本身具有的自然美,通过人工造型,形成人工的艺术美。如规则式的绿篱及绿色雕塑都要通过整形修剪作保证。

中国传统文化中,将植物拟人化,并在配置时,将树木与其他造景要素相结合,如松、竹、梅"岁寒三友",既构成了稳定的人工生态群落,又组成了以梅为主景、以松为背景和以竹为衬景的意境组合,发扬了意境美。如果没有科学的整形修剪是不可能实现的。

园林树木美化了环境、美化了市容、美化了建筑,要使美化功能得以持久的发挥,必须通过整形修剪来保证。

(2)园林树木综合功能的发挥需要园林树木整形修剪学

按园林用途和应用方式,可以将园林树木分为庭荫树、行道树、园景树、花灌木、藤木、绿篱、木本地被等类型。

园林树木大多体形高大，叶茂根深，其呼吸作用能产生氧气、吸收二氧化碳。蒸腾作用能增加空气湿度，调节温度。树叶具有减弱噪声、滞尘等功能，对局部小气候的改善作用巨大。树冠能阻挡风沙、降低风速、减少地表径流、减少水土流失等，对恶劣环境能起到防护作用。有的树木能分泌杀菌素，直接有利于人体健康，这些以防护功能为主的树木修剪和以美化功能为主的树木修剪是不同的。园林中的果品、木材、药材、香料等树木还有生产功能。园林树木用途的不同，其整形修剪的要求也不同。

同一种树木，栽培环境不同，其功能要求也不同，整形修剪要求的树形也就不同。但是，现实中很多园林树木是按照果树的原则进行整形修剪的，由于果树的栽培目的是提高果实产量和品质，实现丰产丰收，它与园林树木的栽培目的和功能是不同的，导致修剪量过重，影响了美化功能和生态功能的发挥。至于树木结构的安全性，果树修剪考虑得就更少。如生长在城市和风景区等环境中的庭荫树和行道树，以及生长在庭院中的园景树，其本身结构的安全与否对人影响很大，过去的观赏花木整形修剪很少涉及树体结构安全这方面内容，但却是非常重要的，尤其是在倡导"构建和谐社会""以人为本""个人财产不可侵犯"、人们的维权意识越来越强的时代，园林树木整形修剪者必须要考虑树体结构的安全性和树体对环境的安全这个问题。园林树木的整形修剪工作必须保证树木结构安全、消除对人的安全隐患，同时尽量做到促使树木姿态优美、体量适宜、生态合理、有文化特色而景观持久、观赏性佳的辩证统一。要根据树木所处的生态环境和配置环境判断该树木在园林中的功能类型，再根据树木功能类型和园林风格确定该树木应用什么样的树形，采取相应的技术措施，以最快速度最大限度地实现我们的设计意图。

（3）园林树木生产功能的发挥需要园林树木整形修剪学

现代旅游观光园和一些园林中的"春华秋实景区"的果树不仅具有美化功能，而且还具有生产价值。合理整形修剪，保证花多、果大、色艳、产量高，实现生态效益、经济效益和社会效益的统一。

（4）园林苗木业发展需要园林树木整形修剪学

当前园林事业方兴未艾，园林苗木栽培面积大，但是真正符合园林需要的苗木很少，一方面是树种结构和规格不合理；另一方面是苗木质量低，导致农民的苗木卖不出去，而园林工程又缺少合适苗木的局面。从现有苗木的综合利用和未来园林苗木的培养出发，都需要整形修剪来做支撑。

（5）园林工程业需要园林树木整形修剪学

在园林工程中一些地方一味追求成活率，不惜对树木进行抹头等重修剪，园林树木的栽植成活率提高了，但是景观效果和生态效益发挥缓慢。另一个极端是一些个体户或公司领导追求立竿见影的效果，施工单位盲目迎合但又没有技术作保障，导致很多大树死亡，造成极大损失。合理的整形修剪和配套的养护措施可以实现景观效果、经济效益、生态效益的统一。

（6）园林栽培养护业呼唤园林树木整形修剪学

我们经常看到市政人员为了保证空中电线的安全，频繁修剪树木，以至于树木树形拙劣，枝干腐朽，给美化和安全造成了双重不利影响。有些行道树危及车辆和行人安全，这些问题都可以通过合理的整形修剪来解决。但遗憾的是，我们看到很多园林树木采取了不恰当的整形修剪，影响了园林效果。

人们往往为了短期的愿望而修剪树木，至于修剪以后对树木的结构和健康将会产生怎样的影响没有给予充分的考虑。实际上，如果人们掌握了树木的生物学特性、生长发育规律和设计意图，再进行整形修剪，可以同时满足人们的愿望和符合树木本身要求这两个目标。一个高质量的修剪方案是把科学与艺术完美结合在一起，做到树体结构牢固，外貌美观，符合园林设计的立意要求。

把在苗圃期间经过适当整形、形成良好树体结构的苗木种植在园林中，园林养护管理人员进行修剪时会更容易操作。但目前苗圃中许多苗木并没有进行适当整形，在园林中也没有进行及时合理的补救性整形修剪，因而在园林中许多树木出现了各种各样的问题。

对已出现问题的树木所进行的整形修剪，叫补救性修剪。为防止生长后期出现问题而进行的修剪，叫预防性修剪。预防性修剪比补救性修剪更为经济有效。

为了减少或避免补救性修剪的发生，需要苗圃经营者、园艺工作者、园林管理者和业主都认识到整形修剪的重要性，并学习园林树木整形修剪的知识。

1.1.3 本书主要内容与学习方法

园林树木功能多样，既不同于一般的林业用材林、生态防护林，也不同于一般生产性果园的果树。

要学好园林树木整形修剪学，必须具有一定的专业基础知识。如植物学、生态学、园林树木学、植物生理学、园林植物栽培养护学、园林艺术与园林设计学、东西方园林史、园林美学、园林工程等课程。由于专业设置和课时的原因，有时不是每个人都有这些基础。所以本书第2章简要介绍了一些相关的知识。

本书总体介绍了园林树木整形修剪的目的、意义、作用、基本原则、时期和方法；不同修剪工具的使用保养要点和修剪伤口的维护知识，为进行整形修剪奠定基础。为了便于读者将这些基本知识应用于生产实践中，本书详细讲述了园林苗圃中、园林施工和养护过程中庭荫树、行道树、园景树、花灌木及特殊造型树、特殊地点树木的整形修剪知识。

"防患于未然"，"防"比"已然"之后的补救更重要。经过预防性修剪的树木可以更好地抵御冰、雪、暴风雨。本书也详细讲述了预防性修剪的策略。

有些树木的大枝需要疏除，如果疏除操作不当，形成的伤口会引起干和枝内部腐烂，树木产生安全隐患。本书提出了"通过适当疏除细小的枝条来培养和维护树体结构安全"的指导性原则。

整形修剪学是一门实践性很强的课程，仅仅通过阅读文字是很难真正掌握修剪技术的。学习整形修剪的最好方式是先学习基本理论和技法，然后去修剪，并观察修剪后几个月，甚至几年的实际效果。然而高等教育的课程设置不可能一门课横跨好几年，让学生亲自去完成不同阶段的修剪和观察。所以本书提供了大量的插图来说明整形修剪的步骤和反应，展示不同阶段、不同修剪方法的修剪效果，这样可以满足整形修剪的教学需要，提高教学效果。为了快速、正确、高效地掌握整形修剪，建议学完本书的某一部分后，走出去观察和修剪一些树木，试一试书中提出的技术，这样就能逐步掌握这项技术，最终做到游刃有余。

此外，本书还配有思考题，以帮助学习掌握。

1.2 园林树木整形修剪的目的和意义

我们经常发现园林中很多树木结构上有缺陷。如果在园林苗圃中即开始进行整形修剪，则这些树木结构的缺点就可以避免或通过修剪来纠正。如表1-1和表1-2中的缺点就可以通过修剪来纠正。园林树木整形修剪人员首先要认识树体的缺点，并知道如何处理：幼树应当定期修剪，以培养良好的树形和牢固的树体结构，提高观赏价值，延长树木的寿命和观赏时间；对成年树木的修剪，是为了保持良好的结构，消除树体有可能危及人和财产安全的因素。但是，有些成年树的缺陷是不能通过修剪来纠正的（表1-3）。

表1-1 幼树可以通过修剪弥补的结构性缺陷

幼树结构性缺陷	幼树结构性缺陷
多个主干或主枝不分主次	枝条枯死
树冠主头不明显	树根蟠曲缠绕
树干有分叉	枝条丛生
分枝处有内含皮*	产生了不需要的花果
枝条交叉	树头折断
病虫枝	内膛光秃
枝条畸形	根系损伤
主干细长，下部光秃无枝	双干树
树干的多个主枝位置太低	树干上没有枝条
树冠枝条过密	竞争枝强于主枝
幼年树枝条生长过快	徒长枝太多

*内含皮：指两个干之间，或干与枝之间的树皮紧挨或相互包含，阻止了枝皮脊的形成。内含皮是结构不牢固的表征，容易在连接处劈裂。

表1-2 成年树通过修剪可部分纠正的缺陷

成年树缺陷	成年树缺陷
枝条分叉处有内含皮	有严重的病虫害
大枝劈裂	在有边材处截顶
枯死枝	树冠内膛光秃
枝条阻挡视线	被暴风雨损害的树
建筑物上方的树木枝条太低	歪斜的树
枝条相互摩擦	同树干相比枝条过粗
长枝的梢部过重	树干上的枝条丛生
树冠过密遮挡草皮的光线	树冠不平衡

表 1-3　成年树很难通过修剪纠正的缺陷

成年树缺陷	成年树缺陷
在建筑施工期间造成根系损伤	树干中空或腐烂
根颈附近根系腐烂	截顶过重
从心材处进行截顶的树	主干劈裂
共同控制干	

概括地讲，园林树木整形修剪的目的，就是通过整形修剪实现栽植目的和设计意图。下面我们从生产实践的不同阶段分别谈不同时期的修剪目的。

1.2.1　园林苗圃中整形修剪的目的

园林苗圃不同于一般的林业苗圃或果树苗圃，园林苗圃生产的苗木种类和品种多、规格大。总体上讲，园林苗圃中整形修剪的目的是要快速培养出高质量的大规格苗木。但是，不同用途的苗木，对树形结构要求不同。庭荫树和行道树对树形和树体结构的安全性要求高。有时行道树为了培养理想的树干和良好的树体结构，可能需要经过 20~30 年的修剪才能完成，而在苗圃期间主要是培养出理想的主干和主枝，种植到园林中仍要继续培养。所以，整形应当从苗圃时期开始，并定期进行修剪。

园林苗圃中整形修剪的主要目的是：

➢ 为行道树、庭荫树培养出理想的主干、丰满的主枝，为培养优美的树形奠定基础。
➢ 改善苗木的通风透光条件，减少病虫害发生，使苗木生长健壮。
➢ 使树木矮化，满足室内、花坛或岩石园中小体量的要求。
➢ 使一些灌木乔木化，丰富灌木的应用形式，提高观赏价值。
➢ 对一些耐修剪的苗木进行特殊造型，形成绿色雕塑，丰富植物景观。
➢ 实现苗木综合利用，提高苗木经济价值，实现高利润。有些不适合做行道树的苗木，如树冠缺头缺枝，可通过人工造型，形成特殊造型，植于园林中，来提高苗木的经济价值。
➢ 纠正树木结构的缺陷。

1.2.2　园林绿化施工时进行树木栽植修剪的目的

移栽定植修剪以提高成活率为首要目的，同时也要保证园林景观效果。

（1）提高栽植成活率

苗木在起苗和运输过程中，不可避免地要伤害根系，根系的损伤打破了树木原先建立起来的根冠水分代谢平衡。建筑、停车场等基址保留的树木，由于受基建施工影响，树木根系受伤，为了确保树木的存活也必须进行修剪。研究表明：从树冠外缘修剪活的枝条，修剪量一般不超过活叶量的 15%~20%，可以大大提高树木的存活率。中年期的树木从树冠外缘疏剪活枝可以减少内膛枯梢的发生。有病的或长势弱的树上的活枝不应当疏除，因为这些树需要充足的光合面积来帮助恢复健康。

为了提高大树移植成活率，几个世纪以来一直是进行断根缩坨。容器育苗苗木的

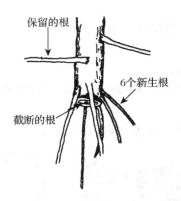

**图1-1　主根切断后
促生新根的情况**

**图1-2　修剪控制树木的造型和体量，
实现设计意图**

缠绕根应当截断，并用锋利工具修剪根系，以免造成根系劈裂。新生根将从伤口后面长出(图1-1)。

(2)通过整形修剪来实现设计意图

园林树木是重要的造景素材，有时自然树形不一定完全符合设计意图，通过整形修剪，减缓或限制树木的生长速度，以控制树木的体量和造型，满足设计意图的需要(图1-2)。当然最好是选择适当体量的树木以减少修剪。

1.2.3　园林景观中树木整形修剪的目的

园林中通过整形修剪，可以继续完善树体结构，维持树体安全，姿态优美，树形得体，健康长寿，景观持久，充分发挥树木的综合功能，实现经济、实用、美观、安全、生态协调统一。具体包括以下内容：

➤ 设计师根据环境的实际情况设计适当的树种和树形，整形修剪使行道树满足设计意图、功能需要和安全需求。图1-3反映的这种应用方式并不是我们提倡的行道树应用形式(行道树最好两侧对称栽植同样的树木)，但是它给我们以启示：当树的上部没有电线时，可以选高大乔木作行道树，培养成有主干和中干的树形，这种树形下部枝条影响车行时容易疏除，不会产生大的伤口，而且这种树形抵御暴风雨危害的能力要比多主枝的树形强。当树上方有电线时可以整剪成自然杯状形(图1-4)，确保电线和树体两方面的安全，但是定干高度一定要足够高，否则当下部大枝影响车辆、行人通行时，需要疏除大枝，会留下大的伤口，影响树体安全。

➤ 树上主枝的直径至少应当小于树干直径的1/2，这样有助于树木结构的安全。把大枝上生长过快的小枝疏除，可以减缓这个大枝的生长速度，保持主从关系，形成牢固的树体结构。

➤ 小乔木是培养成单主干形还是多主干形，决定于该树木在景观中的位置和业主的要求。为了使果树具有牢固的树体结构，结出丰硕的果实，便于采摘，要进行整形修剪。

➤ 在一些特殊地带,通过整形修剪来控制树木的体量和树形,与环境相配,共同构成最美的环境(图1-5)。

➤ 对树木进行艺术造型,成为园林主景(图1-6)。

➤ 使观果花木持续开花结果,避免开花结果的"大小年"现象。如'草莓果冻'海棠结果"大小年"现象严重(图1-7)。

➤ 通过整形修剪,促使树木健康长寿,延长树木的观赏年限(图1-8)。

图1-3 行道树树形选择不当的后果   图1-4 行道树上方有电线时树木的整形

注:图1-3 道路左侧为毛白杨,下部枝条疏除后未形成安全隐患,但右侧的槐树是自然开心形树形,由于主枝选留位置太低,影响过往车辆安全,需要疏除一些大枝,结果在大枝疏除后形成了大的伤口,导致病虫害入侵,形成腐烂。

图1-5 修剪保持景观效果   图1-6 用整形修剪来完成园林主景

图1-7　'草莓果冻'海棠开花的大小年现象
（左前树为小年开花状，后为大年开花状）

图1-8　颐和园内经过适当修剪
和管理的观赏桃

➤ 通过常规修剪，减少病虫害发生。树冠密不透风，是病害产生的重要因素之一，修剪可以减少病害发生。

➤ 通过修剪纠正树木结构的缺陷，确保其他设施和人、财、物的安全。行道树、庭荫树结构的安全性很重要。市政设施旁的树木也要通过修剪保证设施的安全性。

1.3　园林树木整形修剪的作用

园林树木各器官的形态结构和功能虽然不同，但是它们的生长具有相关性。植物生长的相关性包括地下部分（R，即树木的根系）和地上部分（T，包括茎、叶、花、果）的相关性（可用根冠比 R/T 来表示）、主茎和侧枝的相关性、营养生长与生殖生长的相关性。整形修剪主要就是根据这些相关性来发挥修剪的调节作用。

1.3.1　调节生长发育和平衡树势

整形修剪的调节作用包括对树木生长和发育的调节作用及其双重性两个方面。整形修剪的调节作用是通过修剪的生物学效应、生态学效应和生理学效应来实现的。

1.3.1.1　整形修剪的生物学效应

（1）器官、组织数量和比例的改变

对树木短截、回缩、疏枝、摘心、除蘖、环剥、断根、摘叶等措施是将树木某些器官减少。通常是营养器官的减少，如将枝、叶、芽的去除，达到某种生长、结果的平衡，有时是为了全树，有时是为了局部。如基部三个主枝之间平衡的调节主要采取强主枝强剪（即修剪量大些），弱主枝弱剪（即修剪量小些）。在修剪过程中，主要是剪去营养器官，但往往连同其上的花芽及叶芽一起剪去。"大年"（指开花结果过多的年份）剪去过多的花芽，促使其多发枝条，达到营养生长和生殖生长的平衡，改变整个树体代谢的方向。有试验证明，新栽植的女贞树，为尽快扩大树冠，将花蕾全部疏去，树冠萌发新枝的数量和生长量比对照树大得多。

（2）器官姿势的改变

弯枝、扭梢等措施直接改变枝梢的原来姿势，可以把较直立枝梢的角度拉大，减缓生长势；也可以将较水平枝竖立，从而改变原有枝条的角度和生长势。短截、摘心、（移栽时）断根等措施削弱顶端优势，使新生的器官方向改变，使树体空间得以充分利用。枝梢的姿势对树体下一年的生长有很大影响。幼树的整形是根据所确定的树形结构，调节骨干枝的位置和角度，对树木各部位的生长有着明显的影响。在修剪时，剪口芽的方向，剪口芽质量的选择，对未来枝梢的长势和方向也有很大的影响。

（3）形成伤口及损伤

疏剪、刻伤、环剥等修剪技术会造成一定的伤口，这些伤口对树体产生了一定的生理影响，伤口加强了水分的蒸腾，有的伤口还会影响到输导系统，通常情况下造成伤口或损伤以上部分的生长被抑制，而其以下部分的生长得到加强。老树去大枝，造成的伤口大，愈合慢，是造成老树衰弱的主要原因。因此要注意减少伤口，并对伤口进行保护，促其愈合。有的还会造成伤流（如葡萄）和流胶（如桃）等，因此要避开这些树木易发生伤流的时期修剪。环剥、刻伤、扭梢、拿枝等技术是利用伤口损伤其输导组织，来调节生长与开花结果，应用得当，效果是很好的。

1.3.1.2　整形修剪的生理效应

（1）调节营养生长与开花结果

营养器官和生殖器官的形成都需要光合产物。生殖器官所需的营养物质由营养器官所供给。树木营养器官的健壮生长是达到多开花、多结实的前提，但营养器官的健壮生长本身也要消耗大量养分。因此营养器官的生长常与生殖器官的生长发育出现养分的竞争。这两者在养分供求上，表现出十分复杂的关系。只有足够的枝叶量，才能制造出大量的营养物质，有利于形成花芽。若生长过旺，会造成营养消耗大于积累，则会因为营养不足而影响花芽形成，不利于开花结果。如结果过多，消耗大量营养，此时如不及时进行疏花、疏果，则树体会因为营养不足而衰弱，使生长受到抑制。因此，必须在土、肥、水综合管理的基础上，通过修剪来调节生长与开花（结果）、衰老与更新的矛盾。

一般情况下，若想加强营养生长，应促使修剪后多发长枝，少发短枝，有利于养分集中于枝条生长；为使其向生殖生长转化，则剪后应多发中、短枝，少发长枝，促进养分积累，用于花芽分化。

因此，在修剪时首先要留有足够数量的枝叶等营养器官，再留有一定数量的花果等生殖器官。营养器官和生殖器官在数量上要相适应。如花芽过多，必须疏除花芽，促进枝叶生长，维持营养器官和生殖器官的相对均衡，避免开花结果的"大小年"现象，延长树木寿命，提高观赏价值。

（2）调节树体内营养分配

修剪能改善光照条件，提高光能的利用率，增加光合作用强度，调节光合产物的运转及分配。采用环剥等方法可改变枝梢中的碳氮比，促进花芽的形成。对徒长树和衰老树的更新，都是改变树体的代谢方向及强度，使得生长和结果得以协调。整形修剪对营养物质的吸收、制造、积累、运转、分配及各类营养间相互关系都会产生相应的影响。但只起调节作用，不能制造营养物质。

树体内矿质营养和水分的运输就像一个树枝状的灌溉网，当截去一个枝条时，就好像堵住了一条水分运输的通道。通过修剪可以改变矿质营养和水分运输的方向，这就是所谓的开"水路"（图1-9）。

（3）对树体内激素的影响

树体内各种内源激素合成于不同器官，如生长素（IAA）合成于茎尖及幼嫩部分，赤霉素（GA）在各幼

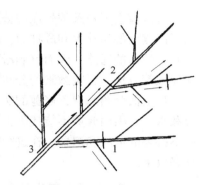

**图1-9　枝条好似一个
多分支的灌溉网**

1. 短截　2. 回缩　3. 疏枝

嫩器官合成，细胞分裂素（CTK）主要合成于根尖，而脱落酸（ABA）和乙烯（ETH）主要在树体内的成熟器官形成。修剪改变了这些器官的数量及比例，调节了个别器官的生理活性，这样就直接或间接改变了激素的合成、运转及平衡等关系。修剪作用的内因，很大程度上是依靠内源激素的变化实现的，这也是树木进行化学修剪的理论基础，使用人工合成的植物生长调节剂，改变树体内原来的激素平衡，控制树木生长发育，进而达到修剪的目的。

激素和营养物质的运转与极性有密切关系。修剪能改变极性生长。只有在幼嫩的部分，生活力高的活细胞中才能不断地产生代谢活动所需要的激素，激素沿活细胞进行纵向极性运输，在有光条件下运输活跃，在黑暗中则运输能力下降。因此，修剪改变了极性生长，也就改变了激素的平衡；修剪改变了光照条件，从而促进激素极性运转机能的活化（图1-10）。

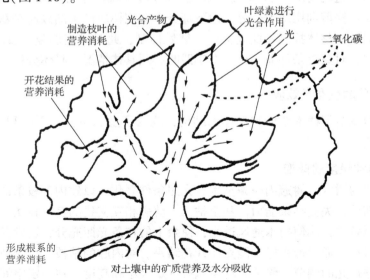

图1-10　树木营养液的运输方向（引自胡长龙《观赏花木整形修剪图解》）

短截剪去了枝条的先端部分，排除了高浓度生长素对下面侧芽的抑制作用，可提高下部侧芽的萌芽力和成枝力；休眠时期如果在芽的上方进行刻伤，则切断了顶端激素向下运输的通路，因而可刺激下部芽的萌发；修剪中常常采用压低枝条、开张角度或曲枝等方法，影响激素的分布，使其向有利于有机物质合成和积累的方向转化。

从上面介绍来看，修剪的实质是调节营养及激素的运转与分配，本身不能提供养分和水分。因而修剪不能代替土、肥、水等管理，只能和这些措施相配合，减少和克服不必要的消耗和浪费。在进行修剪时，必须根据树体内的营养状况进行，才能获得良好效果。

（4）修剪对生长调节的双重性

修剪对树木整体生长起抑制作用，对局部生长起促进作用；但是，由于修剪程度和修剪部位的不同，则会出现相反的结果，即对整体生长起促进作用，对局部生长起抑制作用，这就是所谓的修剪对生长调节的双重性。

一般情况下，只要修剪就要减少枝叶量，减少光合作用的面积，其结果是减少光合作用的产物，供给根系的有机营养减少，从而削弱根系生长。由于根系是重要的吸收水分和矿质营养的器官，根系生长减弱，引起根系吸收的水分和无机营养相对减少，供给地上部分的养分也减少，从而削弱了地上部分的生长势，其结果是修剪对整体生长起到了抑制作用。如果对直立性枝条，在饱满芽部位短截，对此枝条的生长势有促进作用，即对局部生长的促进作用。这就是所谓的"对整体抑制、对局部促进"作用。

以上的两种作用是相对而言，有时作用正相反。例如，对枝条摘心，促进侧芽萌发，增加枝叶量，增加光合作用面积，从而提高光合产物量，对整体起促进作用。如果对下垂的枝条在弱芽处短截，或使其压低角度，则对这个枝条的生长势不是增强，而起削弱作用。这就是所谓的"对整体促进，对局部抑制"作用。

综上所述：修剪利用地上部分、地下部分平衡规律所产生的效应是双重的、可变的，即局部促进，整体抑制；此处促进，彼处抑制；此时可能加强，彼时可能削弱，均以具体时间、对象等条件而变化，在实践时必须具体情况，具体分析，灵活应用。

1.3.1.3　修剪的生态学效应

整形修剪调节了树木个体和群体的结构，改变了生态条件，更有利于树木生长，实现立体开花。

（1）光照和温度的改变

放任不剪的树木，树冠内枝条丛生，光照条件恶化，以致内部枝条的同化能力减弱，成为纤细枝，失去结果能力，甚至枯死。剪去相互交错的密集枝条，改变了个体或群体的光照条件，能使树木通风透光，使余下的枝条光照充分，正常开花结果。

良好的树形，通风透光好，能立体开花结果。对内膛的枯枝、过密枝、纤细枝的疏除，也是进行光的调节。修剪后的树冠有一定大小和高度，在一定空间上发展，各树的树冠间（尤其是行间）留有一定间隔；树冠内骨干枝配置合理，这样整个树冠内的枝群，自上而下，自内而外，都能得到一定光照，能保证枝叶正常的生理活动。

通过整形修剪，保持整个树冠的立体分布、一定的枝叶和一定的叶面积指数，群植的树木形成一定的群体小气候，对外界的温度变化起到缓冲作用。

（2）水分和空气的调节

树冠不修剪，枝条密集交叉，气体交换不畅，在进行光合作用时，群体内的二氧化碳浓度很快下降，进而会抑制光合作用的进行，使得一部分枝叶成为无效枝叶，最终导致平面树形。在正确的修剪下，树冠通风透光，改善了气体条件，防止了林植树枝条交叉的不利影响。有利于光合作用中的气体交换，保证了最大限度地利用光能。修剪还可以加强根系的吸收作用，同时减少叶面积的蒸腾，在"开源""节流"两个方面起调节作用。由于蒸腾面积的减少，使得保留部分的含水量增加，提高植株的抗旱性。

通过修剪，改善光照条件，内膛小枝因得到了光照而营养增加，利于花芽分化，开花满树。

1.3.2　减少病虫害发生，促使树木健康生长

修剪可以使树冠通风透光，降低空气湿度，防止病虫害滋生和蔓延，降低养护费用。修剪可以直接剪去有病虫的枝条，直接减少病虫害。

园林中有时为了艺术的需要，将树木进行规则式整形，如圆球形或各式各样的绿篱，由于栽植较密，又不断地短截，造成树冠严重郁闭，致使内部相对湿度增加（尤其在长江流域一带，雨水过多，湿度更大），为喜潮湿环境的病虫害（如蚜虫、介壳虫等）繁殖、蔓延提供了条件。而通过适当修剪、疏枝，使树冠通风透光，降低树冠内相对湿度，可以减少病虫害的发生。

1.3.3　塑造优美树姿及艺术造型

一般说来，自然树形是美的，但是由于环境的变化，如暴风雨的影响，或人为因素的影响，自然树形常常遭受破坏，所以此时要进行修剪，把扰乱树形的枝条剪除。

有时，在自然美的基础上，创造出艺术美和意境美，如"福如东海，寿比南山""福、禄、寿、禧"等。或将树木修剪成形态各异的飞禽走兽或规整的几何形状，使其形成一定的景观特色（图1-11）。

树木与建筑小品等的比例关系是构成美景的基础，修剪可以起到控制这种比例关系的作用，形成园林配景或主景。

通过修剪可以将优美的景观引入视线，即开辟透景线。

图1-11　树木造型形成有生命的绿色雕塑

1.3.4 调控树体结构，预防安全隐患

园林中的很多树木存在着安全隐患，通过整形修剪可以把这些安全隐患降至最低。因此我们要了解什么样的树木是危险的，造成树木不安全的因素有哪些。

1.3.4.1 危险树木的具体表现

危险树木是指那些树体结构异常，且可能对人群、建筑、市政设施及交通工具等带来不良影响的树木。树体结构异常主要包括以下几个方面：

树干部分 树干的尖削度不合理，树冠过大、严重偏斜，在树干同一高度具多个近乎等粗的主枝，树干木质部腐朽、溃烂、空洞，树体倾斜等。

树枝部分 大枝(一级或二级分枝)上的枝叶分布不均匀，大枝呈水平方向伸展过长，末端枝叶过多、下垂，侧枝与主枝连接处腐朽，易劈裂；树枝木质部纹理扭曲，腐朽等。

根系部分 根系浅、缺损、露出地表、腐朽，侧根环绕主根，影响其他根系生长。

1.3.4.2 影响树木安全的因素

(1)树种

枝条髓心大、质地疏松、脆弱的树种，如泡桐、复叶槭、薄壳山核桃等枝条脆弱性要远大于树干和根系，这些树木本身结构的缺陷是安全的主要隐患。一般来讲阔叶树种的树冠开张，枝条伸展远，容易出现负重过度、损伤或断裂；很多阔叶树为喜光树，树冠因强趋光性而形成偏冠，易造成雪压等伤害；另外，树干的心部腐烂，也易向主枝蔓延。针叶树树冠相对较小，造成冰雪危害的概率也小，而根系和根颈部位易成为衰弱点。

(2)树体的大小和年龄

一般是大树和老树容易产生安全问题。速生树木质部的强度低，比慢长树易发生损伤或断裂。同种树木，长势旺盛的比生长弱的更容易受伤。

(3)栽培养护措施不当形成隐患

苗圃阶段 主干弯曲或主干断裂后，以侧枝代替主枝，这样的树木成年后树木应力分布不均匀，造成安全隐患。

种植 种植方法不当形成缠绕根，是造成风倒的主要原因。

截干栽植 大树截干栽植后截口下萌发若干侧枝，形成新的树冠并呈轮生状态，它们与主干的连接牢固性差，如果以后修剪不当，易发生劈裂。

修剪不当 伤口愈合困难导致腐烂；内膛枝疏除过多，树冠失去平衡。

灌溉不当 浇水过多导致烂根；长期不浇水，枝头枯死，形成共同控制干。

病虫害入侵 生长衰退，树干腐烂等。

(4)立地环境

气候因素 大风、暴雨、大雪、连阴雨天气，树木容易发生倒伏或折断。

土壤因素　土层浅、土壤干燥、黏重、排水不良等导致树木根系浅，易受风害。

人和生物因素　人为的改变土层厚度，损伤根系等。

1.3.4.3　减少树木安全隐患的修剪策略

➢ 通过修剪保持树干、主枝、侧枝等的主从关系，形成牢固的树体结构，增强抵御暴风雨和大雪的能力。

➢ 及时修剪枯死枝，避免枝条折断对人、财、物造成危害。

➢ 在城市街道绿化中，常常出现树木的枝条与电缆或电线的距离过近，形成安全隐患，可以通过修剪解决这一问题。如果树木的根系距离地下管道过近，也只有通过对根进行修剪或将树木移走来解决。当然，街道绿化必须严格遵守树木与管道、电缆和电线之间相关距离的规定。

➢ 在多风的地区，树木应整成适当低矮的树冠，或通过疏枝，增强透风，减小风压，防止倒伏。

1.3.5　提高树木栽植成活率和工程经济效益、社会效益

大树起苗和运输时不可避免地会损伤一部分根系，破坏了树木原先建立起来的水分代谢平衡，通过修剪枝叶可以建立起新的平衡，提高种植成活率。成活率是园林工程效益的前提，成活率高才有经济效益和社会效益。

1.3.6　延长树木寿命和观赏时间

通常，不修剪的树木，树形差、光照弱、内膛小枝枯死严重，最佳观赏价值很快丧失。合理修剪可以防止离心生长过快，较长时间保持最佳观赏时间。合理修剪还可以预防病虫害的发生，防止开花结实的"大小年"现象，延缓树木的老化进程。

1.4　园林规划设计、施工养护人员学习园林树木整形修剪学的必要性

当前，我们经常看到很多地方的树木要通过修剪来控制其生长，实际上有些是由于设计不当或树形选择不当造成的，如果规划设计和施工人员多一些整形修剪的知识，就可以减少或避免这种情况的发生。本节介绍一些相关知识。

1.4.1　园林规划与设计人员应当了解整形修剪知识

园林规划与设计者在基址选择、场地设计和种植设计时只有考虑整形修剪的问题，才能使设计科学、美观、经济、实用。

1.4.1.1　规划设计时要考虑整形修剪问题

一般情况下，园林设计时应尽量利用基址上原有的树木。基址上保留的树木应当健

康(图1-12)、美观，结构上没有严重的缺陷，后期养护阶段不需要过多地进行修剪。

树形差、有缺陷的树木(参考表1-2和表1-3)，根系损伤太大、很难成活的树，以及需要大量灌溉、修剪等养护工作的树，不应当保留。要尽量保留树形好的树木(图1-13)。一般情况下，乔木冠高比(即树冠长度与树高的比例)要≥0.6。

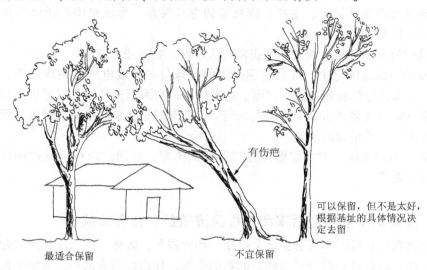

图1-12 基址上树木的去留策略示意图

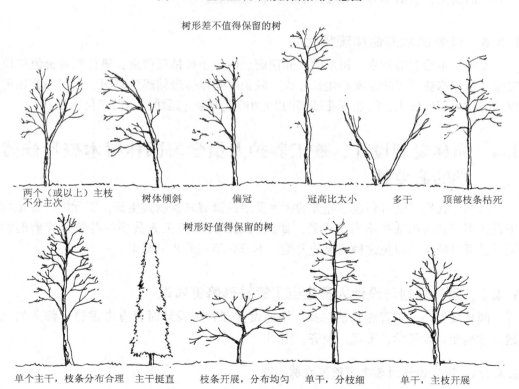

图1-13 基址上不同树形树木的去留选择

优秀的规划设计方案不仅要考虑树木的美化和生态功能，还要考虑经济性，即尽可能减少后期的养护费用。例如：好的设计方案要考虑树木枝叶和根系生长是否有足够空间、树木与建筑物是否发生冲突，要允许树木在一定范围内自然生长，不需要通过大量的修剪措施来控制树木生长。如果空间小，就种植体量小的树木，减少或避免修剪；如果空间小而设计的又都是体量大的树木，需要进行频繁的修剪才能保证景观效果，那么这个设计就不能算是好的设计(表1-4)。

表1-4　树木与建筑物及公共设施的适宜距离　　　　　　　　　　　　　　　　m

建筑物名称	至乔木中心	至灌木中心
有窗建筑物外墙	3～5	1.5～2
无窗建筑物外墙	2～3	1.5～2
围　墙	0.75～1	1～1.5
冷却池外缘	1.5～2	1～1.5
瞭望亭	3	2～3
人防地下出入口	2～3	2～3
上、下水管、雨水管的闸井	1.5～2	1.5～2
电力电缆探井	2～3	2～3
热力管、涵洞	3	1.5～2
消防龙头	3	3
燃气管及探井	3	1.5～2
人防地下室外缘	1.5～2	1～1.5
地铁外缘	1.5～2	1.5
火车轨道外缘	8	
道　牙	0.5	
机动车路口	30	
非机动车路口	10	

1.4.1.2　种植设计与整形修剪的关系

在种植设计中，要考虑不同树木的体量大小及根系深浅，树种选择合理可以减少树木修剪的工作量。

不同树种形成牢固的树体结构的难易程度不同，如落羽杉、冷杉类、松类等自然树形呈圆锥形的树，基本上不修剪也很容易形成圆锥形；枝条下延性生长的树木，为了培养成具有明显主干的树形，在生长的前25年需要定期进行修剪。

同一树种的不同品种对修剪的要求也不同。如‘雪球’海棠在暴风雨、冰雪袭击的时候容易断裂，因为它的树冠没有明显的中干(图1-14)，所有主枝几乎都从树干的一个点上长出，直立向上生长，容易受损害。而‘草莓果冻’海棠即使不修剪，自然生长也具有很强结构，因为‘草莓果冻’海棠是一个具有明显独立主干和枝条开张的品种，和‘雪球’海棠相比抵抗自然灾害的能力更强。

图 1-14 '雪球'海棠无中干，容易受暴风雪危害

自然生长的馒头柳，没有明显突出的中干，所有主枝几乎从树干的同一个点上长出，直立向上生长，在遭受暴风雨、冰雪侵害时，它很容易受害；一般的旱柳具有独立主干和中干、枝条开张的特点，抵抗暴风雪的能力强。

当前很多施工设计，不是按照成年树木体量设计的，而是根据现在的体量和树形设计的，为了避免这些体量大的乔木长到电线里或建筑物上，需要定期修剪。如果根系浅的树木种植点过于接近人行道和车行道，根系也需要修剪。根系修剪对树木是不利的。因此，在选择树种时，一定要了解树木成年时的体量、树形和根系深浅，这是最重要的。

1.4.1.3 树形选择与整形修剪的关系

园林设计者在设计城市街道绿化景观时不仅要考虑行道树美化环境的作用，还要考虑栽植以后的修剪养护问题，如修剪预算、修剪设备以及对修剪工作人员的技术要求。不同习性、不同树形的树木所需修剪的任务量、修剪类型、修剪间隔期（修剪周期）、修剪技术水平的要求是不同的。表 1-5 对比了直立形、圆锥形、圆头形三种主要树形的修剪要求。

表 1-5 不同树形树木的修剪特点

树木树形特点	优 点	缺 点
直立峻峭形（分枝角度小，如新疆杨、钻天杨等）	修剪量少，只需剪去个别下垂枝	1. 树荫小 2. 有些树的主枝分叉处易形成内含皮，容易劈裂，为了形成牢固的树体结构，偶尔需要修剪
圆锥形（如雪松、水杉等）	1. 树体结构强健 2. 只需剪掉下部枝条，简单易行，对修剪人员的技术要求不高 3. 下部枝条细小，疏除时产生的伤口小 4. 树荫不大	下部的枝条通常下垂，需要定期疏除
圆头形（如馒头柳、槐树等）	1. 与圆锥形的树比较，下垂枝条较少 2. 树荫大	1. 对修剪人员的技术要求高 2. 为了培养牢固的树体结构，需要定期修剪 3. 最低处下垂的枝条通常是大枝，需要剪掉，会留下大的伤口

图 1-15　枝条直立的新疆杨作行道树，　　　图 1-16　圆锥形的树在幼年时就要求疏除
　　　　　树荫小，对修剪要求不高　　　　　　　　　下垂枝，这样形成的伤口小，利于愈合

（1）枝条直立性强、树冠峻峭的树木

枝条直立、树冠峻峭的树木用作林荫道和绿荫停车场，其枝条不会下垂，不影响人行道或机动车道（图 1-15），修剪养护的费用低，但是遮阴效果不如圆头形的树木。

有些分枝角度小的树木容易形成直立性的竞争枝，在分叉外形成了内含皮（死的组织），容易劈裂。因此，枝条分枝角度小的树木，要预防在树干下部形成双干或多干。否则，将来可能从分叉处劈裂。

（2）圆锥形树冠

具有圆锥形树冠的树木（图 1-16），通常有一个优势突出直达顶部的主干，最终会形成大的树冠，这种树形结构牢固、持久，小量的修剪就可以形成很强的结构。可是它们下部的枝条通常下垂，为了行人和车辆安全，下部的下垂枝条必须定期进行疏除。这种修剪工作一般站在地上进行，对技术要求不高。如果是双干或多干的树形，当下部枝条被疏除以后会很难看。

（3）圆头形树冠

在幼年期树冠为卵形和圆头形的树，其枝条一般不下垂（图 1-17）。通常认为，幼年期树冠为卵形和圆头形的树木在种植后的前 10 年不用修剪，

图 1-17　圆头形树冠下部枝条长大后不容易疏除

然而，如果真的放任不修剪，在这 10 年期间，树木可能形成很多个直立性竞争枝，在某些干的分叉处形成内含皮，在有暴风雨时，会在此处断裂。此外，如果不进行定期修剪，树干最下部的那些快长枝也可能会因下垂而需要疏除，由于这些下部的快长枝直径很粗，疏除后可能会留下大的伤口，这些大伤口可能会引起劈裂和腐烂，使树干变弱。所以，为了培养牢固的树体结构，建议对所有的树木，尤其是树冠为圆头形的树木，在幼年就开始进行预防性的修剪。起码应在树木栽植后的第 2、5、10 年进行修剪，最好在栽后的第 1、3、5 和 10 年进行修剪。

1.4.1.4　不同树形适宜的环境

(1)有中央领导干的单干树适合栽植的场所

树冠上方没有各种管线的街道、停车场、居住区、车辆和人流较多的地区、主题公园、广场、高尔夫球场、建筑物附近。因为这些地方树木要发挥遮阴功能，树木的安全性对人和车辆影响很大。

(2)分枝点低，有低矮侵占枝的树适宜的场所

植物园、远离建筑物的商业广场、居住区的观赏性绿地、主题公园的园景树、开放的草坪空间。这些地方树木分枝点的高低对车辆没有影响，这些树木的主要功能是起围合或分隔空间以及满足游人休憩。

(3)存在共同控制干(多干)的树适合的场所

在公园、森林中人迹罕至的地方，以及环境恶劣、树木寿命短的地方，树体结构安全与否对人和交通影响较小。

1.4.2　施工人员从苗圃中号苗(挑选苗木)所应用的整形修剪知识

施工人员也要了解不同树形适宜的栽植场所。此外要了解树木结构与安全方面的知识、美学和园林学知识。这里以行道树为例讲如何选苗。

如图 1-18 所示左边的树形结构好：有一个中干，干上有 5 ~ 7 个大主枝，主枝分布均匀，主枝粗度小于树干直径的 1/2 ~ 2/3，主枝之间有小的辅养枝，树干分枝点满足了行道树的要求。右边的树形结构差，因为中央领导干有两个大的竞争枝，而且位于下部，粗度与中干差不多，这样的树体结构不牢固。随着树龄的增加，遇到暴风雨就有可能折断，应当及时纠正。否则，主枝从树干上劈裂，既会对树木造成严重损害，也会危及行人及物体安全。

图 1-19 所示上面一排是结构差、缺陷多的树木：树干有分叉而且角度小，容易形成内含皮；树木细高，没有分枝，易折；在丛生枝分叉处形成

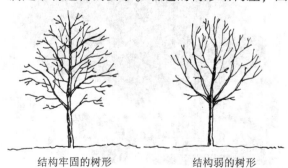

结构牢固的树形　　　　结构弱的树形

图 1-18　结构强与弱的树形示意图

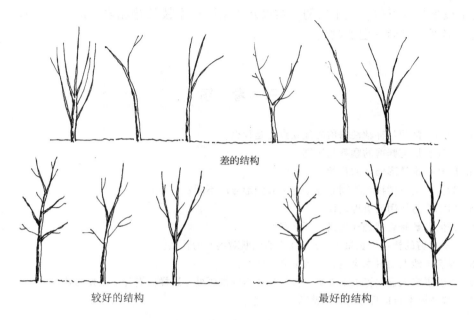

图 1-19　苗圃中苗木的树体结构

内含皮；树干下部分枝过粗，疏除时易形成大的伤口；树干下部弯曲，既不美观也不牢固。

图 1-19 左下方的树是树形结构较好的行道树：树干通直，有一个中央领导干直达树的顶部，但是有大的竞争枝，通过修剪可以纠正缺陷。

图 1-19 右下方的树，有个直达树顶的树干和中干，干上枝条主从关系明确，没有明显的大缺陷，需要的结构性修剪少，是最好的树体结构。

1.4.3　园林树木养护管理人员所需的整形修剪知识

（1）要了解灌溉与整形修剪的关系

新栽植的树木如果灌溉不当，可能会导致树干干枯和枝梢枯死（图 1-20）。这些枯梢的树木由于顶芽枯死，几个侧芽萌发，形成共同控制干，树体结构不牢固。要将其重新改造为结构良好的树形需要花更多功夫进行修剪。

（2）地被植物与树木修剪的关系

如果杂草、草坪或地被植物一直铺到树的根颈处，树木的根系会因得不到充足的水分而失去生长活力，导

图 1-20　水杉枝条枯死后形成结构弱的树形，需要通过修剪来纠正缺陷

致几个枝条相互竞争，主干很弱，结果几个主干或主枝长势相当，形成共同控枝干，结构不牢固，树形发生了改变。

思 考 题

1. 预防性修剪与补救性修剪的优缺点各是什么？
2. 试述整形与修剪的联系与区别。
3. 园林树木整形修剪的目的是什么？
4. 为什么同一树种在不同立地条件上其整形方法不同？
5. 树木修剪作用的机理是什么？
6. 如何理解修剪就是开光路、开水路？
7. "不修剪的树木生长量大，出圃快"的论断对吗？为什么？
8. 建筑工地上的树木决定去留的策略是什么？
9. 当前很多人喜欢将木本地被一直种到树木的根颈处，这样做有什么不良影响？
10. 园林树木养护管理与整形修剪有何关系？

第 2 章
园林树木整形修剪的理论基础

[**本章提要**]主要讲述园林树木整形修剪的植物学基础、生物学基础、生理和生态学基础、美学基础、园林学基础。

2.1　整形修剪的植物学基础

2.1.1　森林里生长的树木与园林中孤植的树木冠形比较

森林里生长的树木与园林中孤植的树木，由于立地条件、栽培方式、栽植密度、管理水平等条件的不同，其冠形有很大差异。

森林中很多成年大乔木的株距小于 6m，由于密度大，光线主要来自上方，树干下部的枝条因得不到阳光而死亡，形成了一个优势突出的树干，树干上的分枝很小，大多数主枝集中在树干的上半部(图 2-1)，具有这种结构的树木树干不容易腐烂、树体结构牢固。

孤植树或株距大的林木，阳光充足，树木可以从各个方向接受阳光，树冠开展(图 2-2)，这种树木的大枝结合处易形成内含皮等缺陷。因此在开阔环境中生长的庭荫树，需要通过整形修剪，才能形成牢固的树体结构，满足园林绿化和美化的需要(图 2-3)。同一种树，结构牢固的树形比结构差的树形寿命要长。

园林景观中，许多树木树冠下部的枝条会影响行人和车辆通行，所以要对这些枝条进行清理，如果只将主枝上着生的小枝疏除，会使主枝内部光秃，以至于最后因为主枝末端太重而不得不疏除这个主枝，产生一个很大的伤

图 2-1　森林里生长的树木

图 2-2　园林中孤植的树木
自然生长的树冠形状

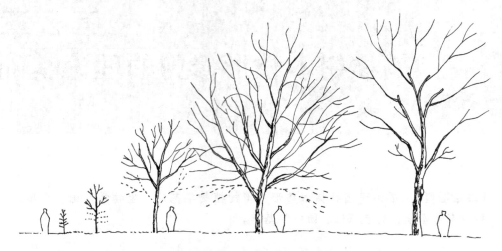

图2-3　孤植树下部枝条不会自疏，很容易形成大枝，最终去除时形成大伤口

虚线示意在幼苗时需通过修剪去掉的枝条

口，引起树干腐烂、劈裂等问题。定期对这些主枝上的侧枝短截来保持这些主枝细小，是常用的方法。

有一些树种从主枝基部疏除小枝，会使主枝的着生角度变小，使主枝生长得更快，形成了竞争枝，抑制了主干或中干生长，最终形成了多个长势均等的主干（共同控制的干），结构不牢固。

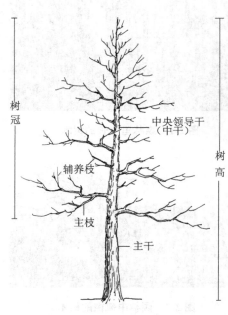

图2-4　乔木树体结构示意图

2.1.2　园林树木的树体结构与枝芽特性

树木可分为乔木、灌木、丛木、藤木、匍匐类等。乔木是指整体高大，主干明显而直立，一般在3m以上的树木（图2-4）。乔木根据树高又可分为3类：大乔木（高20m以上），中乔木（高10~20m），小乔木（高3~10m）。有的地方有自己的规定：如北京市（地方标准）城市园林绿化用植物材料木本苗规定如下：小乔木，自然生长的成龄树株高在5~8m的乔木。中乔木，自然生长的成龄树株高在8~15m的乔木。大乔木，自然生长的成龄树株高在15m以上的乔木。

2.1.2.1　乔木的树体结构与枝芽特性

（1）乔木的树体结构

主干　是乔木地上部分的主轴，上承树冠，下接树木的根系，即第一个分枝点以下到地面的部分。干高一般指从地表面到乔木树冠的最下分枝点的垂直高度，又叫分枝点高、枝下高。行道树要求树干通直，分枝点高；庭荫树、园景树的分枝点可低一些。树木主干基本形态有直干、曲干、斜干、单干、双干、丛干、悬崖等基本类型。图 2-5 所示为树干的基本类型。

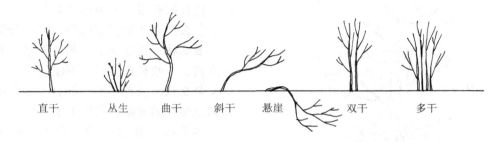

直干　　丛生　　曲干　　斜干　　悬崖　　　双干　　多干

图 2-5　树形与干形的关系

中干　主干在树冠中的延长部分叫中干，又叫中央领导干。

主枝　在中干上着生的主要枝条叫主枝。主枝构成树体的骨架。离地面最近的主枝叫第一主枝，依次向上叫第二主枝、第三主枝。

侧枝　在主枝上着生的主要枝条叫侧枝。从主枝的基部最下方长出的侧枝叫第一侧枝，向上依次为第二侧枝、第三侧枝。

枝组　枝的组合叫枝组。

骨干枝　组成树冠骨架的永久性枝条的总称。

延长枝　各级骨干枝的延长部分叫延长枝。

树冠　主干以上枝叶部分的总称叫树冠。树冠类型有棕榈形、尖塔形（圆锥形）、卵形、倒卵形、圆柱形、伞形等。图 2-6 所示为自然界树木的冠形。

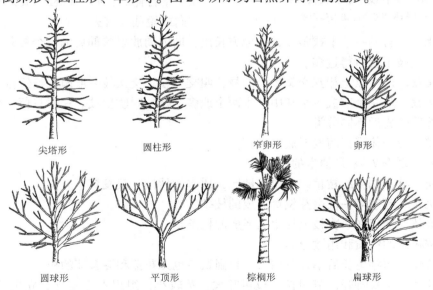

尖塔形　　　　圆柱形　　　　窄卵形　　　　卵形

圆球形　　　　平顶形　　　　棕榈形　　　　扁球形

图 2-6　树冠类型

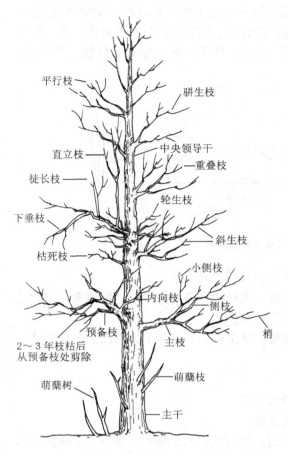

平行枝

骈生枝

直立枝

中央领导干

徒长枝

重叠枝

下垂枝

轮生枝

枯死枝

斜生枝

小侧枝

内向枝

侧枝

预备枝

梢

2～3年枝枯后
从预备枝处剪除

主枝

萌蘖枝

萌蘖树

主干

图 2-7　各种枝条姿态及相互关系示意图
(仿胡长龙《观赏花木整形修剪图说》)

(2) 乔木枝条的分类与特点

树枝分类方式有多种。为了便于读者比较记忆，这里画了一株示意树(图2-7)，实际上自然界是没有这样的树的，这棵树是很多种树木的综合。

①按照枝条的姿态(简称枝姿)分类

直立枝　直立向上生长的枝条，叫直立枝。一般长势很旺，不能甩放。

斜生枝　枝条与水平线有一定角度而向上生长的枝条，角度小于90°。

水平枝　在水平线方向上生长的枝条。

下垂枝　枝条先端下垂的枝条。一般长势弱。

内向枝　枝条生长方向伸向树冠中心的枝，叫内向枝。一般容易扰乱树形。

②按枝条间相互关系分类

重叠枝　两个枝条在同一个垂直平面内上下重叠，称为重叠枝。一般疏一个留一个。

平行枝　两枝条在同一个水平面上相互平行伸展，叫平行枝。要通过改变方向或短截或疏去一个。

轮生枝　自同一节上或很接近的地方长出，向四周放射状伸展的几个枝条叫轮生枝。每一轮枝不宜留得过多。

交叉枝　两个以上相互交叉生长的枝，叫交叉枝。交叉枝一般疏去或短截一个。

骈生枝　从一个节或一个芽中并生两个或多个枝，叫骈生枝。一般只留一个。

③按萌生先后不同分类

春梢　春季休眠芽萌发形成的枝梢。

夏梢　夏季7~8月抽生的枝梢。

秋梢　秋季抽生的枝梢。在温带地区，树木的秋梢一般发育不充实。

一次枝　春季第一次由芽发育而成的枝条。

二次枝　当年在一次枝上抽生而形成的枝条。

④按枝条的性质和用途分类

生长枝　当年生长后不开花结果，直到秋冬也无花芽和混合芽的枝。

徒长枝　生长特旺，节间长，枝粗叶大，芽较小，组织不充实且直立生长。徒长枝一般不能甩放。

开花(结果)枝　生长较慢,其部分芽变成混合芽或花芽,能开花,是观果树木结果的主要部位。花枝按长度分为长花枝、中花枝、短花枝等。果树上把花枝叫结果枝(图2-8)。

更新枝　用来替代衰老枝条的枝。常用于成年树和老年观果树木的更新。

辅养枝　对树体起临时性的辅助营养作用的枝条,又叫临时枝。辅养枝对幼年期苗木快速成型和早开花很重要。

叶丛枝　枝条节间短,叶片密集呈莲座状的短枝。

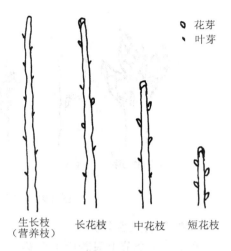

图2-8　不同性质分枝示意图

(3)芽的类型与特点

芽是处于幼态而未伸展的枝、花、花序。换言之,芽是花、枝的原始体,是临时器官,是更新复壮的基础。枝芽的结构决定着主干和侧枝的关系和数量,也就是决定植株的长势和外貌。很多高大乔木的树冠大小和形状正是各级分枝上芽逐年不断的开展,形成长短不一的分枝决定的。花芽决定着花和花序的结构与数量,以及开花的时间和结果的多少。通常根据芽的位置、数量、性质和用途进行分类。

① 按芽在树体上着生的位置分类

顶芽　成刺状或着生在枝条顶端的芽。有的树种如玉兰顶芽是花芽,叫顶花芽。有的树种顶芽自然枯死成刺状或没有顶芽或常由最上面的侧芽代替,叫假顶芽或伪顶芽。顶芽的性质、质量和有无对培养通直的主干影响很大。

侧芽　着生在叶腋的芽,叫腋芽或侧芽,侧芽对生的,在修剪时常抹去一个留一个。侧芽尚有单生及复生等两种形式。金银花、桃、桂、桑、榆叶梅等的叶腋内腋芽不止一个,其中后生的芽叫副芽。

定芽　在固定位置发生的芽,叫定芽。如顶芽、腋芽都是定芽。

不定芽　在茎或根上,发生位置不定的芽。不定芽萌生的枝通常不如定芽萌生的枝结构牢固。

② 按芽的性质分类

叶芽　当年只能抽枝长叶,不能开花结果的芽,叫叶芽。短截时剪口芽一般留叶芽。

花芽　只能开花结果的芽,叫花芽。花芽是产生花和花序的雏体。如桃、玉兰、榆叶梅的花芽。短截时剪口不能只留纯花芽(图2-9)。

混合芽　一个芽内含有枝芽和花芽的组成部分,既能抽枝长叶,也能开花结果。如梨、苹果、石楠、白丁香、海棠的芽。

盲芽　春、秋两季之间,顶芽暂时停止生长时所留下的痕迹。盲芽实际上不是芽。

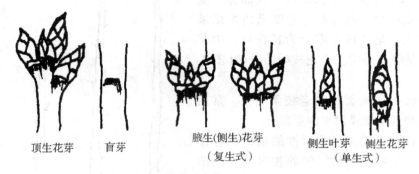

顶生花芽　　　盲芽　　　腋生(侧生)花芽　　　侧生叶芽　侧生花芽
　　　　　　　　　　　　　（复生式）　　　　　　（单生式）

图 2-9　根据芽的位置不同分类示意图

③ 按芽的数目分类

单芽　一个节上只着生 1 个芽。

复芽　一个节上有 2 个以上的芽，叫复芽。复芽一般由主芽和副芽构成。主芽是生于叶腋的中央而最饱满的芽，可为叶芽、花芽或混合芽。叶腋中除主芽以外的芽叫副芽。有的树种副芽常潜伏，称为隐芽。隐芽寿命长的树种更新复壮容易，寿命也较长。

④ 按芽生理变化状态分类

活动芽　在生长季节活动的芽，叫活动芽，能在当年的生长季节形成新枝、花或花序。

休眠芽　温带的木本植物，许多枝上往往只有顶芽和近上端的一些腋芽活动，大部分的腋芽在生长季不萌发，保持休眠状态，叫休眠芽或潜伏芽。有的植物的休眠芽多年潜伏不萌发，只有当植株受伤和虫害等刺激后才开始活动形成新枝。潜伏芽寿命长的树种更新容易，树体寿命长。

（4）枝芽特性

①顶端优势　顶芽与腋芽的生长发育是相互制约的，位于枝条顶端的芽或枝条，萌芽力和生长势最强，而向下依次减弱的现象称为顶端优势。枝条越是直立，顶端优势表现越明显；水平枝顶端优势弱，下垂的枝条由于极性的变化顶端优势后移(图 2-10)。

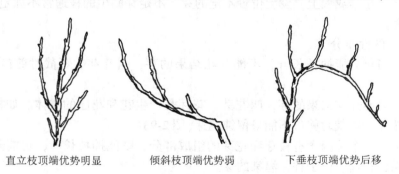

直立枝顶端优势明显　　　倾斜枝顶端优势弱　　　下垂枝顶端优势后移

图 2-10　顶端优势及其转移示意图

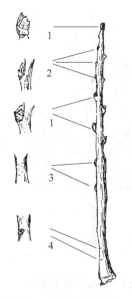

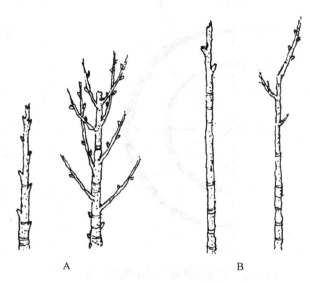

图2-11 芽的异质性   **图2-12 萌芽力、成枝力示意图**

1. 饱芽 2. 半饱芽 3. 盲芽 4. 瘪芽   A. 成枝力强 B. 成枝力弱

②芽的异质性   由于芽形成时，枝叶内部营养状况和外界环境条件的不同，使着生在同一枝条上不同部位的芽，存在大小、饱满程度差异的现象，称之为芽的异质性。芽的异质性决定了不同树种短截的部位不同，产生的修剪反应不同（图2-11）。

③萌芽率和成枝力   1年生营养枝芽的萌发能力，称萌芽力。常用萌芽数占该枝上芽的总数的百分数表示，称萌芽率。1年生营养枝，可长成15cm以上长枝条数量的能力叫成枝力。凡能长出4个15cm以上的长枝条者，算成枝力强，如图2-12（A）所示；一般只有1~2枝成为长枝者叫成枝力弱，如图2-12（B）所示。

萌发率和成枝力强的树种，如枫杨、白榆、紫薇、蜡梅等，由于枝顶发枝过多，分散养分，致使树冠开张，侧枝粗壮，树形低矮。如培养观花观果树，对1年生枝要适量多短截，促使多发中短花枝，增加花、果量。由于短截而产生的枝条过于密集，影响冠内通风透光，所以内膛的细枝应多疏少截。如果是培养高干树，则对主干上部的多数1年生枝（除留1中心主枝作延长枝外）进行短截，以控侧促主。随着树冠的扩大，逐年对下部枝条进行修剪。

萌芽率和成枝力弱的树种，如广玉兰、泡桐、红叶李、香椿等。由于这些树种发枝较少，养分相对集中地供应少数枝条生长发育，故容易培养成直立旺枝。如欲培养高干树，只要选留一个与主干延长方向一致的枝条甩放或短截，对附近竞争枝进行重短截即可达到目的。

银杏等萌芽力强而成枝力弱的树种，修剪时少用短截。

④芽的早熟性   树木的芽形成的当年即能萌发者，称芽的早熟性。具有早熟性芽的树种或品种，一般萌芽率高，成枝力强，花芽形成快，开花早，可以通过摘心加速成形。芽具有早熟性的，枝条能形成副梢。如碧桃的芽就具有早熟性。

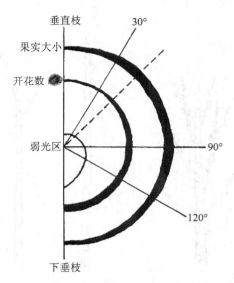

图 2-13　分枝角度与开花结果的关系

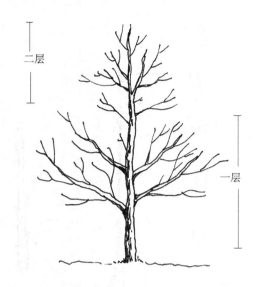

图 2-14　树木层性示意图

⑤分枝角度　新枝与其着生的枝条间的夹角称为分枝角度。一般以铅垂线为基准，与其平行向上生长的叫垂直枝，与铅垂线垂直呈 90°角的为水平枝。由于树种、品种的不同，分枝角度常有很大差异。如钻天杨、西府海棠等分枝角度很小，毛白杨、加杨、'草莓果冻'海棠分枝角度大。枝条分枝角度的大小影响枝条的生长速度和开花结果。如图 2-13 所示，反映了分枝角度对开花数量、果实大小及光强的影响。

⑥树木的层性　针、阔叶树的枝条都有顶端优势。新萌发的枝条多集中于枝条顶端，构成一年向上生长一层，枝条成层分布，这种现象称为层性。尽管树木千差万别，但是它们都有一个共同特点，即枝条分布有成层现象。图 2-14 为树木的层性示意图。有时层性会形成一种副作用，即"卡脖子"现象（图 2-15），就是中干的干性不强，成层分布的几个主枝层与层之间距离过近，使分枝点上部的主干得不到足够的养分，长势减弱，造成该分枝点上下主干粗度的差异过大。

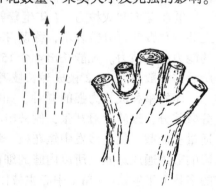

图 2-15　树木"卡脖子"现象

（5）树木的分枝类型

树木的分枝方式有单轴分枝、合轴分枝、假二叉分枝、多歧分枝等类型。如图 2-16 所示。

①单轴分枝　主干（主轴）总是由顶芽不断地向上伸展而成的分枝方式叫单轴分枝或总状分枝。这种分枝方式的主干上能产生各级分枝，主干的伸长和加粗比主枝强很多，因此主干很显著。单轴分枝在蕨类植物和裸子植物中占优势。多数裸子植物如松科、柏科、杉科、银杏科等就是这种分枝方式。部分被子植物如杨属、山毛榉等也

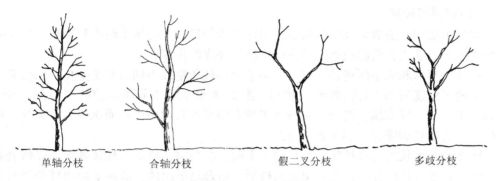

| 单轴分枝 | 合轴分枝 | 假二叉分枝 | 多歧分枝 |

图 2-16　树木的分枝类型

为单轴分枝方式。这类树木高大挺直。单轴分枝利于培养通直的主干，在用材树和行道树培养主干时很有意义。

②合轴分枝　主干的顶芽在生长季节生长迟缓或死亡，或顶芽发育为花芽（如玉兰、黄刺玫），就由紧接着顶芽下面的腋芽萌发代替原来的顶芽，每年同样的交替进行，使主干继续生长，这种主干是由许多腋芽发育而成的侧枝联合组成，所以叫合轴，这种分枝方式叫合轴分枝。这种分枝的主轴幼嫩时呈明显的曲折状，而后逐渐长直成年不容易分辨。合轴分枝树的上部或树冠呈开展状态，既提高了支撑能力，又使枝叶繁茂，通风透光，有效扩大光合作用面积，是进化的分枝方式。如梧桐、桑、桃、苹果等大多数被子植物是这种分枝方式。合轴分枝有多生花芽的特征，因此也是丰产的分枝方式。对于果树和观花、观果树最有意义。

③假二叉分枝　是叶对生的植物，在顶芽停止生长后，或顶芽发育为花芽，在花芽开花后，由下面的两侧腋芽同时发育而成二叉分枝。所以，假二叉分枝实际是一种合轴分枝方式的变化。它和顶端分生组织本身分为两个，形成真正的二叉分枝不同，真正的二叉分枝是原始的，多见于低等植物。具有假二叉分枝的被子植物有丁香、茉莉、接骨木等。

④多歧分枝式　顶梢芽在生长季末生长不充实，侧芽节间短，或在顶梢直接形成3个以上势力相近的顶芽。在翌年生长季每个枝条顶梢长出3个以上新梢同时生长，这种分枝方式叫多歧分枝。此种类型树木树干低矮，如果要培养成高干树（如行道树）就要采取抹芽法或采用短截主枝重新培养中心主枝。如图2-16所示。

分枝现象反映了植物体对外界环境的一种适应，而分枝的形式决定于顶芽和腋芽生长的相互关系。整形修剪就是要利用这种规律，通过摘心和整枝等修剪措施，改变树形，达到栽培目的。

2.1.2.2　乔木的树体构造与修剪

有些树种，当枝条直径小于树干直径 1/2～2/3 时，主枝基部侧面明显膨胀，它是由树干的组织和树枝的组织重叠在一起形成的，这个特殊的结构叫枝领。有时侧枝与主枝分叉的部位，也形成枝领（图2-17A）。

（1）枝领与修剪

修剪不适当，造成对枝领的损害，可能引起伤口以下的树干腐烂和劈裂。为了防止伤害枝领，应当在疏除枝条之前先确定枝领外缘的位置。

枝领的形状和大小因树种、树木个体差异和枝条粗细不同而有所变化。在枝条粗度大于树干粗度的 1/2 时很难形成枝领。图 2-18 展示了不同树木的枝领类型，像冬青属、玉兰属、梾木属、榕属、紫薇等树种有明显可辨的枝领；而栎树、榆树等树种的枝领没有明显的膨大，不太容易看到。

图 2-17A 有枝皮脊和枝领，当从树干上疏去枝条时，应沿着枝领外缘即虚线处疏除；图 2-17B 有枝皮脊，但没有明显的枝领，结合是牢固的，从树干到树枝是平滑的过渡；图 2-17C 在年龄较大的树上，小枝基部形成一个大的枝领，枝皮脊几乎看不见，出现这种情况表明枝条生长缓慢或小枝将要枯萎，在相向的两个箭头方向处截去（图 2-17C、D）；图 2-17E 在树干与树枝间没有枝领、没有枝皮脊，具有内含皮，干与枝的分歧处形状像个 V 字母，表明是一个弱的结合，应沿着虚线修剪。图 2-17B 在干与枝分歧处顶部表现为 U 形分歧，说明连接很牢固，虚线标明了最终去除的地方。

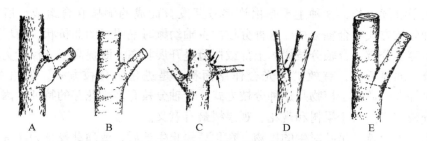

图 2-17　不同树种、不同年龄的树木具有不同的枝领和枝皮脊

如果枝条比树干细得多，在小枝基部容易形成一个明显的枝领。当枝条直径大于树干直径的 1/2 时，通常不能形成明显的枝领。事实上它们变成了与主干具有同样优势的树干，而不是真正的枝了（虽然来源于侧芽）。

椴树科、桑科、楝科的一些树木，那些分枝角度小的枝条，即便是生长缓慢，直径很细，也不容易形成枝领，而容易形成内含皮。这种现象容易引起误解：分枝角度和枝条牢固程度有关，事实上不是这样。例如：一个很粗的枝条即使与树干的夹角很宽，那么它与树干的结合也是弱的。实际上，正是内含皮的存在表明了结合不牢固。分枝角度大小不能与内含皮的形成划等号。内含皮是枝条结合不牢固的标志。

（2）枝皮脊与修剪

在枝与干分叉处的夹角里形成，并从两边向树干的下方延伸，由隆起的粗糙树皮组成的结构，叫枝皮脊（图 2-18）。

枝皮脊与枝领可为正确的疏除枝条提供指导。如紫薇属、桉属、榆属的有些树枝皮脊不明显，但桦木、三刺皂荚、椴树属的许多种、槭树属、榕属树种在分枝处大多都有显著的枝皮脊。

如果枝条直径大于树干直径的 1/2，枝条就变成了一个同等优势的干，即共同控

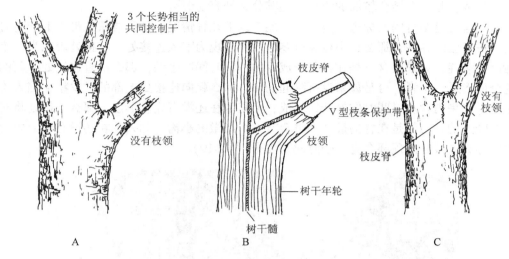

图 2-18　枝皮脊与枝领

制干，就没有形成保护带 (图 2-18A、C)。

如果枝的连接处具有内含皮，就没有真正的枝皮脊。

(3) 枝条保护带

在枝领里面有一个叫作枝条保护带的区域，该区域能产生酚类、树脂和萜烯类化合物，它们能抑制微生物的扩散、阻止腐烂从枝蔓延到干 (图 2-18B)，这个区域从树枝外观上看不见，是它阻止了腐烂的扩散。在修剪时，如果枝领受到伤害或者被剪去了，可能就无法形成枝条保护带，腐烂微生物就可能进入树干。如果枝领和保护带完好，腐烂仅被限制在死枝的枝心，不会进入树干组织。

枝条基部的几个解剖学特点具有限制枝的变色和腐烂向树干蔓延的作用。细小枝条基部的木质部导管较短、较狭窄，里面有更多的沉积物，在枝条导管遇到树干导管后突然变向，这种解剖结构上的特点减慢了通过结合部位的水和矿物质流动的速度，有助于保护枝条，限制变色和腐烂区域进入树干。而大枝与树干结合处不是这样，在共同控制的茎里也不是这样。枝条直径超过树干直径的 1/2 时，在结合处缺少形成保护带的能力。

在心材里不能形成保护带。很多树种自 5～15 年生的枝里开始形成心材。当去掉带有心材的粗枝时，对树木负面的影响是很明显的。当大枝去掉以后，自伤口产生的变色和腐烂会很容易通过心材扩散到树干，所以疏除大枝前，首先考虑有无其他选择，如可以考虑先回缩大枝至较大的侧枝处，让大枝生长变慢后逐步疏除。

当树木、枝条的粗度生长到大于树干直径 2/3，在这些枝的基部不能形成枝条保护带，腐烂微生物能扩散到树干。因此尽早认识树下部的共同控制茎，并对其中的一个进行短截或疏除很重要。

(4) 内含皮与修剪

内含皮是指两个枝之间或枝与干之间树皮的挤压或嵌入形成的结构，它阻碍枝皮脊的形成，是一个结合较弱的象征，在其分叉处容易劈裂。

内含皮是结合弱的标志。内含皮可能有以下几种情况：如果枝条从母干上产生时内含皮就已经存在，那么，小枝和母茎的皮将表现为陷入连接处，连接处表现为一个封闭的裂缝。如果内含皮是在枝条形成后的一段时间产生的，那么沿着连接处下面的这个面形成一个脊，可是如果没有隆起的脊，那么朝向连接处上部的树皮将会陷入连接处。如果内含皮早些时候就开始形成，但是现在还没完全形成，那么连接处将有一个隆起的脊，但是在脊的最高处将会有一个细微的小沟。如果现在还没有形成内含皮，那么连接处的顶部会有一个隆起的皮脊（图 2-19）。

处有内含皮，结构不牢固的树木　　结合处有内含皮的树干放大图

图 2-19　树干内含皮

枝和干结合处没有内含皮，结合牢固，不容易劈裂。

内含皮是没有形成枝领的标志。分枝点以下的树干腐烂可能是由于该枝条或共同控制干相互摩擦引起的。树干内部的腐烂能扩展到分叉处以下几十厘米甚至更长。假如分叉处没有内含皮，共同控制茎也是相当安全的。修剪的主要任务之一是预防内含皮的形成或减慢有内含皮枝条的生长速度。

共同控制干和大枝有内含皮，容易发生树干劈裂或枝条折断，对城市景观和市民安全都很不利（图 2-20）。

在树干上着生细小的枝条（图 2-21A）要比共同控制茎（干）（图 2-21B）更牢固。图 2-21C所示为去掉树皮之后的枝与干的结合示意图：生长季的早期，小枝木质部生长是在前一年的树干组织上进行，生长

图 2-20　树体有内含皮，不牢固，已经打箍加固

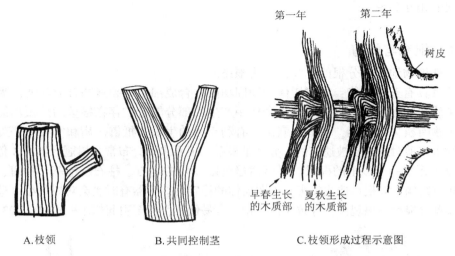

A.枝领   B.共同控制茎   C.枝领形成过程示意图

图 2-21 枝领与共同控制茎形成的示意图

季后期树干的木质部生长是在当年生枝的木质部上方进行，这样朝着牢固的结合方向发展；在共同控制的茎上结合处木质部没有重叠部分。

当枝条结合处有内含皮或形成了共同控制的茎后，结合处木质部没有重叠。如果结合处有内含皮，共同控制茎（枝或干）的形成层生长方向相反，导致共同控制茎相互挤压而远离，容易沿着内含皮劈裂，正是这种相互挤压作用及木质部缺少重叠双重原因形成了很弱的结合。如图 2-21B 所示。孤立生长的园林树木，不修剪很容易形成这种弱的结合。整形修剪的任务之一就是预防形成弱的结合。

2.1.2.3 灌木

灌木指高度在 3(5)m 以下，主干低矮或没有明显的主干自地面长出，枝条呈直立、拱垂、匍匐或丛生状的一类树木。

丛生类 树木矮小而多个茎自地面生出，无明显的主干。

匍匐类 干枝等伏地生长，与地面接触部分可生出不定根而扩大占地范围，如铺地柏等。

拱垂状灌木 枝条柔软，呈拱状，梢部下垂。如连翘。

枝条直立灌木 枝条自地面长出呈直立状。如黄刺玫。

2.1.2.4 藤木

树干长但不能直立，靠主枝或变态器官缠绕或攀缘他物而生长的木本植物。依生长特点又可分为，吸附类（如爬墙虎、凌霄、扶芳藤）、缠绕类（如紫藤）、卷须类（如葡萄）和蔓条类（野蔷薇）等。

2.2 整形修剪的生物学基础

了解树木的生物学特性有助于弄清修剪对树木健康的影响。本节将讲述树木各部分之间的相互关系。

2.2.1　根系与修剪

一株植物地下部分根的总和，称为根系。

根系具有五大功能：支撑树体的稳固功能，合成细胞分裂素的合成功能，吸收水分和矿质盐的吸收功能，将叶片光合作用产生的部分能量贮存在根里的贮藏功能，产生微生物有机体的功能，例如根瘤菌，有利于树的生长，抵御疾病和害虫的侵袭。

树木修剪时最容易被遗忘的部分就是根系。根系水平分布常是树冠冠幅的 3 倍，如图 2-22 所示。一半以上的根系扩展至树冠投影以外的地方。柱石、地基、街道、人行道等建筑结构常对根系造成损害，削弱树体的稳定性。容器有时也会对树的根系造成损害，如盘绕根和偏根现象，导致树体不稳，容易倒伏，甚至引起树木死亡(图 2-23)。

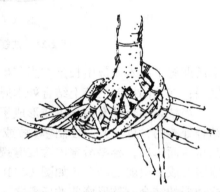

图 2-22　树木根系水平分布是树冠冠幅的 3 倍　　　图 2-23　由于容器过小导致环根现象

有根系缺陷的树木需要进行修剪。例如，容器育苗的苗木由于其弯根的外侧很少发出侧根，定植到园林中以后根系容易只朝一侧生长，这种树木极易倒伏。适当对树冠进行疏剪，解除盘绕，促进根系向外伸展，可增强其抗风的能力。

2.2.2　树木分室效应与修剪

树木通过茎和根的顶端分生组织加长，通过形成层增粗生长。形成层向外形成韧皮部(输送碳水化合物)，向内形成木质部(输送水和无机盐)，韧皮部与木质部间通过髓射线活细胞横向输送糖类，并贮藏淀粉、脂肪和其他酚类物质。

树木的生长是每年生长一个楔形外壳套在以前形成的锥体上。树木年轮的秋材部分与髓射线将木质部分成很多小室。小室的顶部与底部因为是导管或管胞这一输导系统而成开口状态。髓射线富含淀粉，抵御腐蚀能力强；秋材部分比导管、管胞或纤维细胞的细胞壁末端形成的边界坚实，因此树木受伤或生病之后的病原微生物一般是上下扩散，而不容易辐射状扩散。这就是树木通过分室效应可以防止病原微生物侵染的原因。不同树木形成分室的能力不同。如七叶树属、桦木属、朴属、凤凰木属、刺桐属、杨梅树、杨树、李属、山毛榉属的树种产生分室的能力弱，而胡桃属产生分室能力强。分室能力弱的树木抵抗微生物入侵能力弱，病虫害容易从伤口入侵，在树干上形成树洞，造成安全隐患。分室能力越强抵抗伤害能力越强。

树木受伤后，首先在边材中产生一个变色区，这个变色区是由活细胞（木薄壁组织中的细胞）产生的抗菌物质（如酚类物质）积聚在受伤感染边缘形成的，它可以阻滞枝条感染后的病原物纵向和内向扩展，这个反应带不是静止的，当病原有机体打破这个反应带后，会向健康组织推进形成新的反应带。以后如果重复受伤或反应带不断遭到破坏，就会耗尽树体能量，并减少树体的贮存空间，最终导致树木死亡。

树木受伤后的第二个过程就是形成树体隔离带。形成层产生明显的薄壁细胞层，它是非输导性组织，对病原微生物有很强的抗性，将原有组织与受伤后形成的组织隔开，这个界限就是树体隔离带，隔离带还能有效地限制微生物对新组织的侵染。树体隔离带在抵御病原微生物入侵的同时，也限制了有机物的运输。树木集聚的淀粉不能运向别处，这部分能量就无效了；其次形成这层隔离带也是要消耗能量的，因而对树木的生长是不利的。所以对已经形成心材的大枝修剪时，方法要适当。如果修剪不当不仅是减少了树木光合作用的器官，使光合产物的积累减少，而且造成修剪部位以下树干内贮存的能量失活，使树势严重受损。

树木的伤口愈合是在新的空间位置产生较多的组织，是以新的组织层封闭受伤缺陷和将受伤部分分成不同小室的过程。愈合过程如下：

树木受伤，健全细胞的细胞核会向受伤细胞壁靠近，呼吸作用增强。如果幼嫩组织受伤，可使细胞分裂加速，导致伤口边缘细胞的增生，形成愈伤组织。愈伤组织长出后增生的组织又开始重新分化，使受伤丧失的组织逐步恢复正常，向外同栓皮愈合生长，向内形成形成层并与原来的形成层连接，伤口被新的木质部、韧皮部覆盖。随着愈伤组织进一步增生形成层和分生组织进一步结合，覆盖整个伤面，使树皮得以修补。生长速度中等的树木的愈伤组织每年形成的宽度为 $1.2 \sim 2cm$，因此，修剪伤口如果过于紧贴树干（伤口愈大），伤口愈合就越慢，病虫害入侵的机会就大；如果留老桩越长，愈伤组织沿残桩周围向上生长覆盖伤口花费时间就越长，而且容易形成死节。

2.2.3　生物学基础上的修剪对策

①尽量减少对树木的损伤。

②对有心材的大枝尽量不进行截顶和环剥，否则容易发生劈裂。

③对于成年树，尽量不回缩树冠。因为回缩大枝会产生劈裂。对于幼树和中年树，可以用短截来减弱共同控制干的长势，改善树体结构，延长树木寿命。如果需要清理树冠的下部，要逐渐抬高树冠，不要一次剪掉太多的绿叶，否则将影响根系生长，产生萌蘗过多，形成树势衰弱，甚至死亡。

④尽量少剪活枝条。剪去太多叶片将使树木产生的碳水化合物减少，导致树木储存的有效能量降低。过量疏除，会产生更多的萌蘗。

⑤尽量保留树干较低部位的活枝条，这才有利于树干的增粗和根系生长；但保留的枝条要通过短截确保枝条细小，避免日后疏除时产生大的伤口。

2.3　整形修剪的生理学基础

有些院校的园林专业植物生理课程是选修课，风景园林专业没有开设这门课，这里只简单介绍一些植物激素与修剪关系方面的知识，其他知识请查看相关书籍。

2.3.1　植物激素与整形修剪的关系

植物生长发育需要多种物质，其中有些物质需要量很大，如水、矿质元素和有机物质等。而另一类物质在体内只需要 $10^{-9} \sim 10^{-6}$ mol/L 就能对生长发育产生明显影响，这一类物质就是植物激素。

2.3.1.1　植物激素和生长调节剂的相关知识

目前人工合成的植物生长调节剂种类很多，尤其在植物繁殖、育种、疏花疏果、采后保鲜等方面应用广泛。整形修剪措施对激素的合成、运输和分布有重要影响。近些年，在整形修剪中也有应用，即化学修剪，其中应用较多的是植物生长抑制剂类物质。这里简单归纳出一个表，便于配合理解相关章节的内容(表 2-1)。

表 2-1　植物激素合成运输及作用表

激素种类	主要合成部位	运输途径	生理作用	应用
生长素类 (Aux) IAA, IBA	茎尖分生组织 幼叶 发育着的种子 (成熟叶片和根合成量很少)	极性运输：经由维管束鞘薄壁细胞消耗能量的单方向极性运输，从茎尖向基部运输 韧皮部的非极性被动运输：由成熟叶运到其他器官和组织	1. 促进细胞伸长 2. 顶端优势 3. 对根的生长和形成的影响：低浓度促进根伸长；促进根的形成和根的早期发育；促进茎等器官上不定根的发育 4. 延迟叶子脱落	整形修剪：摘心，打顶；扦插、压条等无性繁殖；生根粉
赤霉素类 (GAs)	发育着的种子是主要部位 (幼叶、芽和茎尖等营养组织中有少量) (根系也可能合成，但是外源 GAs 只抑制不定根的形成)	幼叶和嫩枝顶部产生的 GAs 通过韧皮部向下运输，根系中生成的 GAs 通过木质部向上运输	1. 促进茎的伸长 2. 诱导禾谷类种子淀粉酶的合成 3. 代替某些二年生植物开花对低温和长日照的需求 4. 促进坐果和果实生长 5. 引起单性结实 6. 打破种子块茎休眠，促进萌发	疏果，防止大小年；摘心，促进花芽形成
细胞分裂素 (CTKs)	根尖 (种子、果实、叶片的年幼器官)	经木质部从根中运输到植物各部分去	1. 促进细胞分裂 2. 控制培养组织的形态建成 3. 延迟衰老和促进营养物质移动 4. 促进细胞扩大 5. 促进侧芽萌发	断根缩坨

（续）

激素种类	主要合成部位	运输途径	生理作用	应用
乙烯（ETH）	高等植物的所有器官都能合成	植物体各个部位都有合成	1. 呼吸跃变与果实成熟 2. 促进叶、花、果等脱落 3. 偏上性(叶柄的上侧生长快于下侧时发生的叶子向下弯曲称为偏上性) 4. 黄化幼苗顶端钩的打开 5. 诱导菠萝开花 6. 高浓度下诱导叶、茎、和侧根的形成	促进果实的成熟，促进老叶等器官脱落
脱落酸（ABA）	叶片是 ABA 的主要合成部位（根尖在脱水时也能合成大量 ABA，花、果、种子也有）	经木质部和韧皮部运输	1. (多年生植物)芽休眠和(一年生植物)种子休眠(短日照诱导) 2. 抑制生长 3. 胁迫气孔关闭 4. 促进根系的水分吸收 5. 脱落和衰老	摘叶

常用的植物生长抑制剂有：脱落酸(ABA)、青鲜素(MH)、三碘苯甲酸(TIBA)、整形素(EPA)。

外施脱落酸等植物生长抑制剂时，茎的顶端分生组织细胞的核酸和蛋白质合成受阻，细胞分裂慢，植株矮小；同时，生长抑制剂也抑制顶端分生组织细胞伸长和分化，影响当时生长和分化的侧枝、叶片和生殖器官，因此破坏顶端优势，增加侧枝数目，叶片变小，生殖器官发育也受影响。外施生长素可以逆转这种抑制效应，外施赤霉素则无效，因为这种抑制作用不是赤霉素引起的。

青鲜素(MH)　主要传导至生长点，其作用正好与生长素相反。

三碘苯甲酸(TIBA)　阻碍生长素在植物体内运输，抑制顶端生长，促进侧芽萌发。

整形素(EPA)　颉颃生长素，阻碍生长素从顶芽向下运输，提高吲哚乙酸氧化酶活性，使生长素含量下降，抑制顶端分生组织，促进侧芽发生，植株矮化。

常用的生长延缓剂有矮壮素(CCC)、比久(B_9)、多效唑(PP_{333})、皮克斯(PIX)、绿化胆碱、烯效唑(S-3307)、粉锈宁、调节膦等。

矮壮素(CCC)　抑制赤霉素的生物合成，抑制细胞伸长而不抑制细胞分裂，抑制茎部生长而不抑制性器官发育，能使植株矮化、茎粗、提高抗性。

比久(B_9)　抑制生长素和赤霉素生物合成，可使植株矮化，增强抗逆性，促进果实着色和延长贮藏。

多效唑(PP_{333})　抑制赤霉素的生物合成，减缓植物细胞分裂和伸长，抑制茎干伸长，还有抑菌作用。

皮克斯(PIX)　抑制赤霉素生物合成，抑制细胞伸长，植株矮化，提高同化能力。

绿化胆碱　抑制光呼吸，促进根系发达。

烯效唑(S－3307)　抑制赤霉素生物合成，抑制细胞伸长，有矮化植株、除杂草和杀菌作用。

粉锈宁　能延缓作物生长，减少叶面积，提高抗性，提高光合作用和呼吸作用。

调节膦　抑制细胞分类和伸长，可用于灌木矮化，柑橘整枝。

2.3.1.2　生长抑制剂应用于生产实践

生长抑制剂在控制果树营养生长、促进生殖生长方面应用较早。果树应用多效唑可控制旺长，增加短枝比例，免除夏剪；促进幼树提早结果，提早丰产 1～2 年，还可提高密植程度。

在园林树木方面，在用化学方法解除植株顶端优势，诱导侧枝萌发，代替人工修剪方面是一条有效途径。刘克斌(1989)在海桐新梢抽出 5.0～9.2cm 时喷 0.2mol/L 辛酸可有效杀死顶芽，促进侧芽萌发和生长；0.04mol/L 辛酸和 4000mg/L 的多效唑混合处理，在第 2 年仍能控制植株生长，即表现长期效应。

在电线、电话线路下的树木要定期修剪，使用多效唑、烯效唑等可以减少劳动力。具体办法是从树干基部注射或涂抹树皮，这样可以避免化学药剂与其他植物接触。篱笆施用生长延缓剂后生长缓慢，减少篱笆修剪次数。

2.3.2　树木营养物质运输和分配规律与修剪

营养物质对树木生长发育的直接影响，不仅在于吸收数量的多少，更重要的是吸收合成的物质能否被分配到所需要的部位。

植物的两大营养来源是根吸收或合成的营养和叶片同化的营养。根系吸收的水分和无机营养，是通过导管或管胞向上运输的；而碳水化合物主要是通过韧皮部的筛管或筛胞运输的，这种运输既可由上往下，又可由下往上。春季枝、干、根中的贮藏营养由下往上运输，欲使在某处发枝，常在早春于芽的上方"刻伤"，以截留来自根部的有机营养，刺激萌枝；而在生长季有机营养则主要是来自上部枝叶的合成与储存，欲使主要来自枝叶的有机养分积累在上部，可在主干进行刻伤或枝基进行环剥，以减少落花落果和促进花芽分化。在生长季，从环剥口的上缘长出较多的愈伤组织，下端也产生少量愈合组织。碳水化合物也有小部分通过导管运输。人们根据不同季节营养来源和转运途径不同，对树体进行扭枝、拿枝、刻伤、环剥等整形修剪来调节营养的运输。

2.4　整形修剪的美学基础

美学是研究美的科学，美学是艺术哲学。美学的任务是促进人的审美，探索和帮助人们理解审美活动，指导审美实践。审美的主体就是处于审美活动的人。审美的客体特指审美活动中的客体，是人的一种对象性存在，是审美价值的物质载体，是具有形象表现性可以追问意义的客体。

审美客体大体可以分为 3 种存在形态，即物态审美客体(指以物的自然形态存在的审美客体，它是天生的、自然的、客观存在的，人类活动没有对它进行改造或创造)、物化审美客体(指表现了人的生命、本质、个性和特点的物质对象,是人改造客观世界过程中创造的物质对象)和物态化审美客体(是指表现了人的精神性存在、精神性活动的感性物质存在)。园林树木的自然美是属于物态审美客体,园林树木的造型属于物化审美客体,园林树木的意境属于物态化审美客体。可见园林树木的美的客体涵盖了3个方面,具综合性。按艺术的存在分类,园林树木的美是四维的,是空间艺术和时间艺术的综合;按艺术的运动方式分类是静态艺术(建筑、雕塑、绘画等)和动态艺术的结合;按感觉对象的方式分类属于视觉艺术和想象艺术的结合。

2.4.1 自然美

树木的自然美,是树木在外界环境的影响下,经过长期的自然选择而自然形成的。它既没有刀砍斧劈的伤疤,又没有人工绑扎的痕迹,一切都是天然形成。因此可以说,自然美是大自然创造的,它最自然、真实。雕塑家罗丹说过:"自然、真实,就是美。"

要保持树木的自然美,需要进行科学合理的整形修剪。要多观察、多思考,按照树木的分枝习性进行修剪。在处理顶端竞争枝时,要按"树头不得一般"的原则,短截或疏剪较弱枝,使主干优势突出,主侧枝从属关系明确。至于主干上枝条的处理,更不能自上而下地逐个剪除,以免树冠过小,影响生长,妨碍美观。但枝条也"不可太繁,繁则搪塞不舒""若充天塞地",主干上枝条过多过满,"便不风致"。

因此,树木自然美的形成,一定要依据科学原理,参照中国画画论,进行构图、造型。该留的则留,当去的则去,融自然美与人工美于一体。使园林中的树木,既符合自然之理,又有自然之趣,从而给人以美的享受。

2.4.2 艺术美

树木的艺术美,是通过人工对树木枝叶进行合理的剪裁、整形加工,重新获得的一种人工树形。这种树形有自然的,也有规则的。自然的树形应遵循"虽由人作,宛自天开"的原则。自然树形"源于自然,又高于自然",因而成为一种艺术美。而规则式树形,既要符合树木习性,也要符合几何与美学规律。

树木的艺术美,主要靠树木枝叶、花果等之间的恰当结合。而这些关系主要由均衡和比例来体现。人们可以根据自己的性格和美化环境的需要来创造各种自然形或规则的几何形。人工修剪在造型上要讲究艺术构图的基本原则,如在统一的基础上,寻求灵活的变化;在调和的基础上,创造对比的活力;使树木景观富有韵律与节奏;使用正确的比例、尺度,讲究造景的均衡与稳定,具有丰富的比拟、联想等。

(1)统一与变化

园林树木是用来绿化点缀园林空间的,其整形修剪的造型要与环境取得统一调和或烘托主要内容,才能达到环境美的效果。如在规则的建筑前采用几何形的修剪,而在中国传统的自然山水园中要采用自然式的修剪。

(2)调和与对比

园林树木各有不同的自然形象,环境空间也有各种形状和大小等。修剪成球形的

图 2-24 对比与调和

树放在方形台上，形象对比较强；修剪成球形的树放在圆形台上，形象对比调和。如强调对比的环境，就采用对比的手法进行修剪；如强调调和的环境，就采用调和的手法进行修剪（图2-24）。

（3）韵律与节奏

通过园林树木的整形修剪可创造无声的音乐，具有韵律与节奏的变化。如上下球状枝的修剪就是具有简单韵律的表现；上下前后大小枝条的变化具有交替韵律的变化，螺旋的上下有规律的修剪即形成交错韵律的变化（图2-25）。

（4）比例与尺度

园林树木的本身，与环境空间也存在长、宽、高的大小关系，即为比例。园林树木本身宽与高的比例不同，给人感受不同，可根据不同目的，采用相应的宽高比例。

尺度是人常见的某些特定标准之间的大小关系。在大空间里的园林树木的修剪要保持较大的尺度，使其有雄伟壮观之感。在小于习惯的空间里树木的修剪要保持较小的尺度，使其有亲切之感。在与习惯同等大小的空间里修剪的园林树木树体尺度要适中，使其有舒适之感。

交替韵律

韵律

重复韵律

图 2-25 韵律与节奏

（5）均衡与稳定

被整形修剪的园林树木，要给人们留下均衡、稳定的感受，必须在整形修剪时保持明显的均衡中心，使各方都受此均衡中心所控制。如要创造对称均衡就要有明确的中轴线，各枝条在轴线两边完全对称布置。如果是不对称均衡，就没有明显的轴线，各枝条在主干上自然分布，但在无形的轴线两边要求平衡。稳定是说明园林树木本身上下或两株树相对的关系，它是受地心引力控制的。从体量上看，上大下小给人以不稳定感；从质感上看上方细致修剪，下方粗犷修剪就显得稳定。均衡稳定的整形修剪和造型，都会给人们带来安定感和自然活泼的微妙力量（图2-26、图2-27）。

图2-26　对称的均衡　　　　　　　　　　图2-27　不对称的均衡

（6）比拟与联想

主要有拟人、拟物两种，将园林树木修剪成古老的自然形，会给人们带来古雅之感；修剪成各种建筑、雕塑、动物等几何体，就可以创造比拟的形象（图2-28）。

2.4.3　意境

有时通过植物材料的组合与造型，再现一个历史故事或典故，那么这个组合的造型造景就要符合意境的美学规律。西游记在有些地方作为一个景来修剪，这种组合和修剪要按照历史场景来进行。香港迪斯尼乐园的卡通动物造型与其意境也是吻合的，但养护很费工费时，一般不宜提倡（图2-29）。

图2-28　香港迪斯尼乐园建筑前植物几何造型　　　图2-29　迪斯尼乐园的动物造型

2.5　整形修剪的园林学基础

园林布置形式的产生和形成，是与世界各民族、各国家的政治、经济、文化传统、自然地理、气候条件等综合因素的作用分不开的。

英国造园家杰利克在 1954 年国际风景师联合会第四次大会致辞时说："世界造园史三大流派：中国、西亚和古希腊。"很多学者将园林的形式分为三大类，即规则式、自然式和混合式。

2.5.1　规则式园林

规则式园林又叫图案式、整形式、几何式、建筑式园林。

从古代埃及、古巴比伦、古希腊、古罗马起到 18 世纪英国风景式园林产生之前，西方园林主要以规则式为主，其中以文艺复兴时期意大利台地园和 19 世纪法国勒诺特平面几何图案园林为代表。这类园林的主要特点：园林地形地貌剖面线均为直线；水池为几何形，整形驳岸，整形瀑布等动态水；建筑中轴对称，通过主副轴线控制全园；道路、广场为直线折线和几何曲线组成方格或放射形结构，广场空地外形均为几何形。种植花卉多为图案式模纹花坛、花境，树木配置以等距离的行列式、对称式为主，树木整形修剪多模拟建筑形体、动物造型、绿篱、绿墙、绿门、绿柱；大量使用绿篱、绿墙组织划分空间；雕塑常与喷泉、水池构成水体的主景；一般情况是主体建筑主轴线与室外园林轴线是一致的。现在保留的典型代表是法国凡尔赛园林。规划式园林中树木修剪如图 2-30、图 2-31 所示。

图 2-30　古罗马园林

图 2-31　荷兰中世纪园林

2.5.2　自然式园林

自然式园林又叫风景式、不规则式、山水派园林。中国园林从周朝开始，一脉相承，直到清朝都以自然式山水园为特色。保存至今的皇家园林如颐和园、承德避暑山庄，江南私家园林如苏州拙政园、网师园等。中国园林从 16 世纪传入日本，18 世纪后半叶传入英国。自然式园林的主要特征是：地形地貌剖面线为自然曲线；主要地形特征是"自成天然之趣"，在平原要求自然起伏和缓微地形；水体轮廓为自然曲线，水岸为自然曲线的倾斜坡度，驳岸以自然山石驳岸为主，水以静态水为主。建筑单体对称、群体不对称，而为院落式布局；建筑轴线不影响园林布局，而以连续序列布局的主要导游线控制全园。道路为不规则自然曲线，组成环网状结构。除建筑前广场为规则式外，其他广场、空旷地的外形为自然曲线形；植物种植采取自然式种植，反映自然群落之美，以孤植、丛植、群植、密林为主要形式，不成排种植；园林多用自然假山石。

中国自然园林中的树形多为自然形，日本园林的树形尤其在枯山水附近很多修剪成圆头形等造型。

2.5.3 混合式园林

混合式园林主要指规则式和自然式交错组合，全园没有或形不成控制全园的主中轴和副轴线，只有局部景区建筑以中轴对称布局，或全园没有明显的自然山水骨架，形不成自然格局。类似自然式与规则式的组合，二者比例差不多的园林即为混合式园林。

此外，园林小品有木结构、砖结构、金属结构（铜、铁、铝、不锈钢、金、银）、石、塑料等，今天很多地方用活的植物材料做各种园林小品，只要小品的造型符合场景要求也就是很好的作品。

上述分类是按照园林题材配合的方式和题材间相互关系（即式样）分类的。实际上，园林是受地域的传统文化、自然地形地貌、气候、植物、风景类型等多因素影响的。

汪菊渊院士认为园林形式的分类首先是具体的历史形式，然后再细分，这样更确切。如中国园林可以分为周朴素的"囿"，秦汉建筑宫苑，魏晋南北朝自然式山水园、自然园林，隋代山水建筑宫苑，唐代写意山水园，北宋山水宫苑，清朝自然山水宫苑，明清文人山水园，现代公园，风景名胜区等。在这些园林中整形修剪，作为历史园林应当尊重历史风貌，要考证不同民族不同历史时期的造型形式特点。

思 考 题

1. 观察比较森林中的树木与空旷地的孤植树的树体结构和树形的异同。
2. 如何判断枝的连接处或分叉处的安全性？有助于提高枝条附着力的因素有哪些？
3. 树木是如何防止腐烂从树梢蔓延到树干的？
4. 苗圃中树木上的多数枝条是临时性枝条，随着树龄增大最终都将去掉，如何处理这些枝条？
5. 比较单干树与多干树在景观和安全性方面的差异。
6. 内含皮与树体结构安全性有何关系？
7. 带心材截干措施是如何对树木造成永久伤害的？
8. 怎样使树木的能量储存最大化？

9. 根据生物学特性，制订对树木健康影响最小的修剪方案。

10. 不同季节刻伤，为什么产生的修剪反应不同？举例说明。

11. 化学修剪的理论基础是什么？

12. 园林树木整形修剪学中的动物造型与绘画中的白描完全一样吗？

13. 几何造型的树木有何要求？

14. 园林的民族形式对园林植物整形修剪的影响是什么？

[**本章提要**] 主要讲述园林树木整形修剪依据的基本原则和策略，区别园林
树木整形修剪学与果树整形修剪学的异同。

园林树木整形修剪是建立在科学和艺术基础之上的，而果树修剪重点考虑科学
性，基本不考虑艺术性因素。园林树木整形修剪必须综合考虑园林树木所处的生态环
境、配置环境、园林风格、树木功能类型、树种的生态习性、生物学特性、树木的树
势及环境胁迫等多种因素。

3.1 园林树木整形修剪的原则

3.1.1 根据园林树木所处的生态环境进行整形修剪

园林生态环境类型多样，如建筑围合的背风向阳处与楼间大风口处风的生态因子
差异很大；再如土层深厚的园林绿地与屋顶花园或盐碱地，以及地下水位高处的土壤因
子差异也很大。要根据树木生长地空间大小、光照条件、土层厚薄、风的大小进行整形。

3.1.1.1 依据树木生长地的空间大小进行整形

在生长空间较大，又不影响周围其他植物的情况下，可以使枝干角度开张，尽量
扩大树冠；如果空间较小，则应控制树木的体量，避免过分拥挤，影响景观效果。如
果孤植树光照良好，会形成丰满的树冠，冠高比较大；密林中，光照主要是来源于上
部，因此树冠很窄峭，冠高比也小。

为控制树体大小，自然式整形的树木一般多采取回缩法，而规则式修剪一般多采
用短截法。

3.1.1.2 特殊地段树木的整形

(1)盐碱地、地下水位高处及其他土层薄的地方

由于这些地方可供树木生长的土层薄，根系生长不可能很深，因此这些地方的树
体不宜太高，树冠内枝条不宜太密、太大，否则会造成风倒，有安全隐患。

（2）风大的地方树木的整形

如果是背风向阳处，因为风小，树形可以高大，树冠可以适当密集；而在风口处，为了防止被风刮倒，不宜留过高、过密的树冠。要控制树木体量，适当疏枝，减少风压。

（3）屋顶花园上树木的整形

由于受建筑荷载的影响，屋顶花园上种植土的土层一般较薄，因此树干不宜过高，树冠不宜过大，枝条不宜太密。如碧桃在土层深厚、下垫面承重能力强的地方，可以采取自然开心形或圆头形，并尽量开张角度，扩展树形。而在屋顶花园或土层很薄处，则宜采用控制修剪的方式，确保安全和美观。

（4）不同气候条件下树木的整形

我国南方地区气候温暖湿润，树木生长茂盛，树木体量也大。整形修剪时树冠可以大一些，但是在南方台风多的地区，一些浅根性树种不宜过高，枝条也宜稀疏些。在中国北方地区种植不耐寒的边缘花木，树形不宜高大，因为这样防寒困难，也不利于树木越冬。再如，榆叶梅在甘肃和包头、哈尔滨等北方干旱地区一般整成灌丛形、圆球形或丛状扁圆形，而在北京等温度稍高、降雨较多的地区则整成有主干的树形。

另外，中国北方地区夏天高温、日照强，人们需要庭荫树；冬天干燥寒冷，日照时间短，人们需要晒太阳。所以，在中国北方庭荫树、行道树首先要满足遮阴功能，树木体量宜大些。而在对遮阴需求不大的地区，则美化是首要任务，树木可以整形修剪成几何形等观赏树形。

3.1.2 依据园林风格类型对园林树木进行整形修剪

3.1.2.1 园林风格对园林树木树形的影响

➤ 在传统的自然式园林中，树木应整成自然式树形，如世界文化遗产颐和园，是中国传统自然式山水园的代表，树木整形应以自然形为主，绝不能整成规则的几何形（图3-1）。

图3-1 颐和园苏州街　　　　　　　图3-2 凡尔赛宫

➤ 在传统规则式园林中，如法国凡尔赛宫的树篱、树墙等采用规则式修剪或几何式整形(图3-2)。

➤ 日本枯山水园林中枯山水旁的树木多为圆头形(图3-3)。

➤ 混合式园林中，依据配置环境来整形。

图3-3　日式枯山水园林

图3-4　无主干的桩景形

3.1.2.2　配置环境对整形方式的影响

同一种树在不同的配置环境中，整形方式也有所不同，下面以榆叶梅为例进行说明。

(1) 桩景形

可以留有主干，也可以没有主干(图3-4)。有主干的整形做法是：在主干上选留3～4个主枝，主枝上配备侧枝。通常在休眠季进行修剪，采用短截与疏剪相结合的手法。修剪时首先进行常规疏剪，然后进行短截枝条，1年生枝短截时保留的长度一般为10～25cm，剪口芽一年留里芽，一年留外芽；也可以一年留左侧的芽，另一年留右侧的芽，使枝条形成小弯曲。也有的在幼树时对主干进行弯曲、蟠扎，整成一定的艺术姿态。修剪时还要注意枝组的培养和配置，使其树冠线成为波浪形。这种树形适合配置在建筑、山石旁。在春季可观花，不仅观全树花之美，还可以观其单朵花之个体美，单朵花花径可达5.5cm，花期长达6d；冬季还可以观赏枝条弯曲的姿态和神韵，很富装饰性，具有梅桩的风姿，故起名为"桩景形"。在颐和园做的这种整形很有代表性，也很适合世界文化遗产的性质要求。颐和园长廊南侧昆明湖岸边榆叶梅整成这种树形很适合，既丰富了景观，又不破坏大的效果。

(2) 圆头形

整形时根据需要可留有主干，也可以没有主干。通常是采取花后两周内进行短截，时间不可拖延过长。1年生枝短截时保留长度为10～25cm，剪口芽留的方向也要变化，每年相互错开，同时也要进行常规疏剪。6月必须进行定芽，每个枝条上留位置好的1～3个芽(多数留2个)，其余的芽均抹去，又称"抹芽"。抹芽不可拖延到

图 3-5　圆头形

图 3-6　丛状扁圆形

图 3-7　自然开心形

7 月，抹芽越晚，消耗的营养越多，对花芽分化不利。对于留有主干而整形成圆头形树冠的，起名"有主干圆头形"。这种整形方式比梅桩形的开花量大，但花径小、花期短，主要表现群体的美。适合配置在常绿树丛前和园路两旁（图 3-5）。

（3）丛状扁圆形

这种整形方式不留主干，成为丛状。每年休眠季进行疏剪和回缩，一般不短截。大量的工作是疏枝，主要疏除过密枝、干枯枝、病虫枝、伤残枝和扰乱树形的枝条。这种整形因主枝丛生、分枝多又长，近乎自然形，故起名为"丛状扁圆形"。这种整形方式容易留枝过多，造成树冠内密闭，不通风透光，内膛小枝容易枯死，所以修剪时要大量疏除过密的和衰老无用的枝条，才能维持良好的树形。这种整形方式花小，花径只有 3cm 左右，单朵花开 3 ~ 4d，主要表现花的群体美。适合配置在大草坪和山坡。此种整形方式符合榆叶梅的生物学特性，故而观赏寿命长，抗逆性也强（图 3-6）。

（4）自然开心形

一般有明显的主干，主干上有 3 ~ 4 个主枝，若是无主干的则留 3 ~ 5 个主枝，主枝上均匀的配备侧枝，同级侧枝留在同方向。主枝明确，小枝多而自然。休眠季短截，结合回缩修剪。对主枝的延长枝进行中度短截，剪口萌生的枝条当年冬剪时疏去其中较旺的枝条，尤其是三杈枝中的中间枝去掉，留下两个，其中之一短截作枝头，另一个若为中短枝甩放，若过长枝轻剪，促分生中短枝，第二年对短截的枝条做相同处理，对甩放枝条将长枝疏除，留下中短枝作开花枝，逐步将其培养成侧枝或枝组。枝组的修剪：休眠季短截与甩放结合。短截时留枝长度 10 ~ 25cm，枝条长短搭配适当。此树形要达到大枝亮堂堂，小枝闹哄哄的效果（图 3-7）。自然开心形符合榆叶梅干性弱、强喜光性的习性要求。

（5）圆球形整形

一般是休眠季修剪时先疏除枯死枝、过密枝，然后剪成球状。在北方干旱寒冷地区规则式配置时可以用，而在降水量充沛，生长期长的地区容易造成通风不良，滋生病虫害，不宜提倡（图3-8）。

3.1.3　依据树木在园林中的功能进行整形修剪

园林树木按功能分为行道树、庭荫树、园景树、花灌木、风景林、防护林、地被、藤本、绿篱等。同一种树，功能不同树形不同。

街道旁的行道树受街道的走向、两旁建筑、架空天线等影响，整剪时必须考虑这些因素，特别是行道树上面的架空天线，要与树枝有一定的距离，以免发生危险。如果架空天线较低，选槐树作行道树，可以采用杯状形整枝（图3-9），令架空线从树冠内通过，通常称为"开弄堂"。

槐树作庭荫树则整成自然形（图3-10），美人梅作行道树（图3-11）。

圆柏用作障景树或隔离林带，宜整成树墙式，用作规则式绿篱可以整成长方体，用作孤植的园景树，宜修剪成自然形或特殊的造型。

图3-8　圆球形修剪

图3-9　槐树作行道树整成自然杯状形

图3-10　槐树作园景树

图3-11　美人梅在新西兰作车行道的
行道树整成高干的开心形

3.1.4 依据树木的生物学特性进行整形修剪

(1)不同树种

干性较强的树种，如广玉兰、樟树等大型乔木，应该留有主干和中干，整成卵形等自然式树形。对于榆叶梅、黄刺玫等顶端优势不强，而发枝能力很强的树种整成不留中干的自然丛球形或半圆形，而龙爪槐、垂枝梅等枝条下垂的树宜整成伞形。

(2)不同品种

同一树种不同品种间整形修剪也要有所不同，如桃花不同品种树形差异很大，直枝桃整成开心形，寿星桃整成开心状的圆形，垂枝桃整成伞形，帚形桃整成圆柱形（图3-12）。

(3)树种的分枝习性

不同分枝习性的树种形成单个直干的难易程度不同。对于单轴分枝的树种如毛白

垂枝桃树形　　　　　　　　　　帚形桃树形

直枝桃树形　　　　　　　　　　寿星桃树形

图3-12 不同品种桃花的整形修剪

杨、银杏、圆柏、水杉等，要注意控制侧枝、防止竞争枝、保留中央领导干，形成尖塔形或圆锥形树冠；对于合轴分枝的树种，容易形成几个势力相当的枝，呈现多权树干，要培养主干可采用摘除其他侧枝的顶芽来削弱其顶端优势，或将顶枝短截，剪口留壮芽，同时疏去剪口下 3～4 个侧枝，促使加速生长；对于假二叉分枝的树种，可采用剥除一个芽的方法来培养主干；对于多歧分枝的树种可用短截主枝结合抹芽的方法重新培养中央主枝。

(4) 花芽着生部位、性质、习性、花期

早春开花的花木，花芽通常是在前一年的夏、秋季进行分化，属于夏秋分化型，修剪应在落叶后到早春萌芽前进行，但在冬春季干旱、寒冷多风的北方地区，最好是在开花前或花后进行修剪。如玉兰、厚朴为顶生的纯花芽，一般不在休眠期短截，应在花后修剪，但是为更新枝势或扩大树冠可以短截；对榆叶梅、桃花、连翘等具有腋生花芽的树种，视情况进行短截，但是剪口芽（即剪口下第一个芽）一般不能是纯花芽，否则花后留下一段枯桩，影响生长和美观。夏秋开花的花木，花芽是当年形成当年分化型，在 1 年生枝基部保留 3～4 个饱满芽短截，剪后可萌发出茁壮的枝条，虽然花枝会少，但是开花大；对于一年可以开花两次以上的树木，如月季、紫薇等花后要除残花，加强肥水管理，促使二次开花。

(5) 萌芽力和成枝力（发枝能力）

整形修剪的强度与频度，不仅取决于栽培目的，更取决于树木的萌芽发枝能力和愈伤能力的强弱。如悬铃木、大叶黄杨、女贞、圆柏等具有很强萌芽发枝能力的树种，耐重剪，可以多次修剪；对梧桐、桂花、玉兰等发枝能力弱的应少剪或只做轻度疏除。

3.1.5　要依据树木的年龄阶段来进行整形修剪

园林树木一生一般分为胚胎期、幼年期、青年期、成年期、老年期 5 个阶段，园林树木整形修剪要依据不同年龄阶段来进行（表 3-1）。

　　幼年期轻剪　由于幼树含氮量高，有机物含量少，利于营养生长，而碳水化合物的含量又随修剪程度的加重而减少，所以为了使幼树快速形成良好的树体结构，对各级骨干枝的延长枝以短截为主，促进营养生长，为了提早开花，对骨干枝以外的枝条应轻剪。如果幼树重剪，不仅开花晚，还会降低越冬抗寒能力。

　　成年期平衡修剪　成年树处于开花结实的旺盛阶段，要防止开花结实过多，防止"大小年"现象，要注意调节生长与开花结实的矛盾，还要注意防止提前衰老。

　　老年期更新修剪　老年树应重剪，刺激产生更新枝，以恢复树势。

　　为了实现培养目标，形成一个中干优势明显、枝条分布合理的树体结构，形成最好的树形，幼年和中年期树木下部活的枝条通常要疏除。

　　而成年树上的活枝尽量不疏除，成年树修剪的重要任务是通过疏除干枯枝、回缩过长枝，以及结构不牢固的枝条，减少树木对人和物产带来的安全隐患。

表 3-1　不同年龄阶段的庭荫树修剪策略

不同年龄阶段	修剪策略
苗圃中的幼树	利用特殊的容器或进行根系修剪，防止形成缠绕根 培养优势突出的单个主干，形成牢固的树体结构 短截或疏除下部的竞争枝 在出售前，对树干下部的枝条经过短截后保留 1 年(气候温暖地区)到 2 年(气候寒冷地区) 培养优美的树形和完整的树冠 疏除交叉枝
园林中的幼树	对缠绕根短截 培养一个具优势的主干，建立牢固的树体结构 短截下部竞争枝 在主干上均匀选留主枝，对其余枝短截 疏除交叉枝
中年树	截断缠绕根 通过减少分枝的长度，建立一个突出的中干 对树干最下面永久骨干枝以下的枝条疏除 短截树干下部竞争枝 防止树干下部枝条长到永久性树冠里面 使主枝相距 45～90cm，短截别的枝条 减少延伸过长的枝条长度 疏除枯死枝 使树冠的边缘变薄 疏除交叉枝
成年树	疏除枯死枝 回缩过长枝 为了减少风压，从树冠的边缘疏枝 尽可能少地去掉活组织

3.1.6　要根据树势，现有树形，因枝修剪，随树做形，平衡树势

　　修剪不要程式化，要根据树木具体情况来整形，要注意根据树势来修剪，不能强求统一。生长旺盛的树修剪量要轻，通过变和甩放，以缓和树势，促进开花结果，如果修剪量过重会造成枝条旺长密闭，反而不开花。衰老枝宜重剪，抬高分枝角度，恢复树势。对于树势上强下弱的树，要抬高下部枝的角度，加大上部枝的修剪量。对于主枝之间的不平衡，要抑强扶弱，即强主枝强剪(加大修剪量)，弱主枝弱剪(减少修剪量)。对于侧枝间不平衡要强侧枝弱截(轻短截)，使生长势缓和，利于形成花芽，消耗营养多，缓和树势；弱侧枝强剪(短截到中部饱满芽处)，促使萌发较强的枝条，这种枝形成花芽少，消耗营养少，从而使该侧枝生长势增强。

3.1.7　整形修剪应坚持生态、经济与园林美学相统一的原则

整形修剪首先要分析这个树木所处绿地的等级，该树木在景观中的地位，以及以后能投入多少精力，修剪周期是多少，派什么人来修剪。如果是一级绿地中的主景树或重要的配景树，可以采取细致修剪，如果是三级绿地，而且又处于景观中次要地位，可以采取简化修剪的方式，以求得养护管理的经济性。

3.2　园林树木整形修剪的程序

3.1 节讲了整形修剪的七大原则，那么具体修剪时如何运用这些原则呢？下面以一个观花乔木树种的修剪为例加以说明。

3.2.1　安全第一，先检查树体是否安全

在决定修剪树木之前，要仔细检查树体是否安全。树木的安全隐患包括树根、树干等方面的问题，忽视这些问题可能导致修剪的失败，甚至造成修剪人受伤或致死。

检查根系　内容包括，看是否有缠绕根、断根、烂根，栽得过深或树干上堆积物过多。

检查树干　看树干有无腐烂和劈裂。

树木周围环境有无安全隐患。如附近有无高压电线等。树木潜在的不安全因素见表 3-2。

表 3-2　检查树根、树干及其他不安全因素

存在问题	特　点
树根问题	缠绕根，偏根，根腐烂，根系浅，接近根颈处土壤开裂，树栽得过深，根系劈裂
树干问题	树干有菌类，大枝被锯除，枝条中空，树干腐烂，树干劈裂或有洞穴，树干上下一样粗
其他问题	树干上有枯死枝，枝的连接处有内含皮，曾经被砍头，过去林植的树变成了孤植树，天牛危害树干的树，附近有高压电的危险，严重倾斜的树

3.2.2　三思而后行，仔细观察

首先观察环境。了解园林类型是古典园林还是现代园林，并判断园林风格类型；观察树木周围环境，确定被修剪树木在园林中的首要功能是什么，进而决定应采取的树形和体量，即环境决定功能，功能决定树形和体量。

其次观察树种和品种。根据树皮、树枝、芽等特点，从树木的分枝习性和当年生枝的情况分析枝芽特性。

再次是观察树龄、树势和树体结构的安全性。从树干开始向上看，根据树木层性、修剪痕迹判断树木的年龄阶段；根据 1 年生枝的生长量和花芽情况判断树势，看上下或主枝间树势是否均衡；从枝领、内含皮、主从关系等观察树体结构是否安全；

观察修剪反应如何？确定本次修剪的目的和修剪量。

最后归纳分析本次修剪这棵树的原因是什么？原来的修剪计划和目标是什么？

常见的修剪原因是：改善树干或树枝的结构，去掉树木结构上的缺陷，恢复因外力作用而损伤的枝条；去掉死枝；减轻长枝末端的重量，降低枝条断裂的危险性；清理人行道、街道、建筑物附近的枝条；使树形符合园林要求；提高开花量；疏果，消除落果对行人的危害；减少树木体量；减缓生长速度；增厚或稀疏树冠；去掉病虫枝；引导未来的生长方向；树冠造型。

在明确了修剪目标之后，要想象一下你要修剪的树在 10～20 年之后将是什么样的景观，然后决定应该去掉的枝条和正确的修剪方式。总的修剪程序如下：

第一步　观察树木与环境

第二步　决定修剪目的是什么？

第三步　想象这棵树未来 10～20 年后的景观

第四步　选择将要疏去和短截的枝条

第五步　适当地疏除或短截枝条

第六步　提醒业主树木的潜在危险

有些树不宜疏去活的枝条。如老龄树、不健康的树、树势正在衰弱的树、有大量树皮缺失的树、最近刚移植的树，最好不要去掉活的枝叶。因为活的枝叶合成的生长调节剂和碳水化合物有助于树体恢复。去掉活的枝条减慢了树体的恢复，也影响根系生长。

对古树名木，一般不要去掉活的枝条。

3.2.3　制订修剪方案，按顺序修剪

制订修剪方案：在整剪几何体树形时，若将树剪成圆球形，先要决定树球的高度，定好半径，找出球的最高中心点，然后再开始动手去剪；对于非几何形体的树形，最好先做好轮廓架子，然后将大枝条按形体的构成规律布满架面，小枝填补其间。

修剪观赏花木时，首先要观察分析树势是否平衡，如果不平衡，分析是上强（弱）下弱（强），还是主枝间不平衡，并要分析造成的原因，以便采用相应的修剪技术措施。如果是因为枝条多，特别是大枝多造成生长势强，则要进行疏枝。在疏枝前先要决定选留的大枝数及其在骨干枝上的位置。将无用的大枝先剪掉，待大枝调整好以后再修剪小枝，宜从各主枝或各侧枝的上部起，向下依次进行。在这时特别要注意各主枝和各级侧枝的延长枝的短截长度，通过使各级同类型延长枝长度相呼应，可使枝势互相平衡，最后达到平衡树势的目的。

修剪市政树及庭荫树时首先要考虑其安全性。

修剪顺序：先进行常规修剪，把枯死枝、病虫枝等先去掉。然后遵照"先大后小，先上后下，先外后内"的顺序进行修剪。

"先大后小"即先把应该去掉的大枝剪掉，然后再修剪保留的大枝上的小枝条，这样可以避免花费大量的时间去剪小枝，最后发现大枝要去掉，耽误工作时间，做了

无用功，这样一方面提高修剪的工作效率，另一方面可以使保留的小枝适量，不至于修剪过重。

"先上后下"即修剪应当自上而下地进行，但是分析树体结构决定去留时，要从下而上地进行分析。先去掉应该去掉的上部大枝，使光线能照下来，即"开光路"，因为光线是从上面照下来的 。

"先外后内"是指先找主枝延长枝头，决定截留长度，然后依次向内修剪。

3.2.4 修剪效果评价

要与修剪原则、修剪目的核对。

自然式整形修剪是否做到了"虽由人作，宛自天开"？

规则式整形修剪是否符合美学或构图规律？

混合式整形修剪是否符合树形的特点和树木习性等原则？

如园林中中年阶段、结果盛期的疏散分层形的苹果树修剪，修剪后的要求是："三稀三密"，即"外围稀，内膛密；大枝稀，小枝密；上稀，下密"。这样才是通风透光的树体结构。

思 考 题

1. 园林树木与果树整形修剪有何异同？
2. 一株健康的中年树木，由于建筑施工导致根系损伤，修剪的主要目的是什么？
3. 一株旺盛生长的成年树木，哪些缺陷是可以纠正的？
4. 对于幼树修剪仅去掉死枝是否合适？
5. 为了给下部的草皮增加光线减少成年树树冠，合适吗？
6. 修剪成年树和中年树的主要区别是什么？
7. 根据树木的生物学特性，如何进行修剪？试以榆叶梅为例进行说明。
8. 如何理解"强主枝重剪，弱主枝弱剪；弱侧枝重截，强侧枝弱截"？

第4章
园林树木整形修剪的时期与周期

[**本章提要**]主要讲述影响园林树木整形修剪时期和修剪周期确定的因素，以及不同时期修剪对树木的影响。学会合理地确定修剪时间及修剪量。

4.1 影响园林树木整形修剪时期的因素

整形修剪时期受树种(含品种)的生态习性(尤其是抗寒性)、生物学特性、树木生长发育规律、栽培地区的应用特点和劳动力条件等多因素影响。

(1)树木的伤流对修剪时间的影响

树干基部受伤或折断时，伤口溢出液体的现象叫伤流。伤流是由根压引起的，伤流液中含有多种无机离子、氨基酸及植物激素。一般情况下，伤流对树木本身是无害的，相反伤流有益于防止菌类从伤口侵染到木材中；但是伤流会污染树皮，影响美观，所以园林中要尽量减少伤流的发生。为了减少伤流，在早期对枝条就开始定期修剪，防止要修剪的枝条长粗，确保疏除掉的都是细小的枝条，这样可以减少伤流。伤流严重的树种应避开根系吸水、根压较大，而枝条仍在休眠时候修剪。不要在晚秋和冬季修剪。可在根季开始活动而且发芽后再修剪。

易产生伤流的树种有：桦木属、榆属、皂荚属、木兰属、桑属、杨属、盐肤木属、柳属、刺槐属、山茱萸属、鹅耳枥属、朴属、槭属、槐属、核桃属、香槐属等。北京地区可在落叶后、防寒前(埋土防寒)进行修剪，此时伤口愈合快。

(2)同一树种在气候不同的地区修剪时期不同

如紫薇，在原产地从晚秋到仲冬进行修剪，都不会发生冻害；而温带地区有暖冬天气发生时在晚秋修剪容易产生冻害。因为这种修剪后萌发的枝条水分含量大，抗寒性差，很容易受害，甚至轻度的霜就会形成伤害。

在亚热带地区，冬天低温也可能使晚秋和冬天修剪产生的伤口受害，对于栽培地处于其适生分布区边缘的植物尤其是这样。如果对亚热带地区的树木的抗寒性没把握的话，应当延迟重剪，最好在春天萌发前修剪。

抗寒性差的树种最好在早春修剪，以免伤口受害。一年有多次生长高峰的树种，晚夏修剪可能会刺激枝条增加一次新的生长，这些后生长的秋梢易受早霜的危害。

(3) 不同年龄阶段及不同生长势的树木，修剪早晚效果不同

幼年树、旺长树推迟修剪可以缓和树势，削弱当年的生长量，增加短枝量，促使提早开花或增加开花量。

(4) 不同时期修剪对树木生长速度的影响

总体上讲，幼年树木不修剪生长最快，但是这种放任生长不一定能满足栽培要求，所以要适时地进行修剪，使树木成形最快，景观效益最好。

要使树木快速生长，一般情况下，温带地区的落叶树和半常绿树应该在休眠季进行修剪。热带、亚热带地区的常绿树在较寒冷的月份可能仍在继续生长，这些树木应当在春天新梢开始生长之前修剪。

为了抑制树木生长，达到矮化的目的，最好在每次新梢生长结束之后进行修剪，叶片生长已经完成，叶色变成深绿色，此时修剪减慢了根系的生长，并且消耗了储存的能量，达到了矮化的效果。注意只能对旺盛生长的健康树木在此时修剪，控制生长。不健康的树，或者树体受到损害的树，新梢开始生长后能量储存低的时期，不能去掉活的枝条。否则，会进一步加大能量的消耗，甚至可能导致树木死亡。

(5) 不同时期修剪对伤口愈合的影响

大多数树木在春天萌芽前修剪伤口愈合最快。在春天新梢生长结束后，新叶变成深绿色时修剪，伤口愈合也很迅速。伤口愈合快减少了疾病和腐烂微生物进入树体的机会，利于预防伤口腐烂。

什么时间修剪最佳，不同树种之间有差异。休眠季修剪可以减少不必要的芽萌发。

(6) 修剪时间对开花数量的影响

总体上讲，在花芽形成后从树上去除活的枝条，减少了花芽数或潜在的开花量。

为了把修剪对下一年开花量的影响降到最低，对香槐属、唐棣属、梨属、木兰属、七叶树属、海棠属、山茶属、金缕梅属、紫荆属、丁香属、蜡梅属、银钟花属、李属、山茱萸属等早春开花的树木，应在开花后马上进行修剪。因为这些树木在夏秋进行花芽分化，第二年开花。在开花末期与晚春之间短截枝条不会影响下一年花芽数。事实上，对这些早春开花的花木，新梢摘心会增加枝条的数量，提高来年的开花数(图 4-1)。在其他时间修剪早春开花的树木，只会使来年的花芽数减少，影响下一年的开花量。

紫薇等夏秋开花的树木，花芽属于当年分化型，通常在初夏新梢开始生长几周之后摘心，促进侧枝的形成，这些侧枝都可能形成花芽。因此，摘心比不摘心形成的花芽更多，但花朵直径要小些。

(7) 修剪强度对花径大小的影响

重度修剪减少树木新梢的数量，且新梢生长旺盛，但花期会晚 1 周左右，具体情况因修剪时间和修剪量而不同。有些树木如山茱萸被短截修剪后形成的旺盛新梢一年是不会开花的(花芽通常在没有短截的枝上形成，并且开花时间正常)。小于 10% 轻

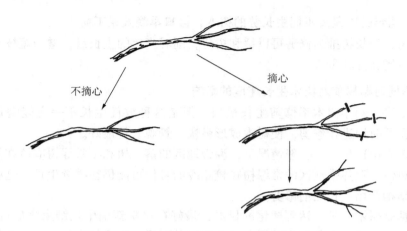

图 4-1　春天或初夏花芽形成之前进行摘心可能会产生更多的花芽

度修剪对树体的伤害较小，只减少了部分的光合面积，但像摘心等，虽然修剪量不大，但能打破树体顶端优势，形成大量的侧枝。

　　例如紫薇、栾树等树木严重打头常常造成开花数量减少，但花朵直径更大。紫薇每年都这样修剪会破坏树形，相反应考虑截去树梢以便形成繁茂的树冠。

(8)修剪时期对病虫害防治的影响

　　适当的修剪可以改善树木光照条件，使树冠通风透光控制病虫害的发生，但是如果修剪不当则会造成病害的传播。如有些地区的云杉属树木易感染溃疡病，患这种病的枝条会枯死，一旦发现树木感染溃疡病，应尽早疏除染病枝条。有些松树容易感染拟球果菌属引起的枝枯病，这种病能致死树木。患这两种病的树木，最佳修剪时间是在天气干燥的时候，这样可以阻止新暴露的木质部感染病害。

　　栎树枯萎病是靠甲壳虫传播的，春天和初夏传播这种病害的昆虫特别活跃，不宜在此时修剪，同时在伤口上涂敷料防止昆虫接触修剪伤口，这样可减少感染的可能性。

(9)天气因素对修剪的影响

　　受到严重干旱胁迫的树木，树势衰弱，恢复树体需要更多的能量，因此要推迟修剪。

　　阴雨天气不要修剪患有传染病的枝条，否则，易引起人为传播病害。

(10)修剪量对整形修剪时期的影响

　　对于大多数树种来说，去掉的枝叶量低于 10%，随时可以进行，而且不会影响树木的生长。

　　如果剪去的枝叶量大于 25% 或新梢开始生长时修剪，很多树木的修剪反应是萌芽过多。在芽萌发时修剪，树皮和形成层很容易损坏，此时储存的能量通常也很低，因此这个时期最好不要重修剪。

　　活的枝条最好在休眠季节或者在叶片变成深绿色，并且修剪后紧跟着一个生长高峰时进行修剪。

(11)劳动力因素

春季劳动力充足的单位，早春开花的花木可以在春天花后进行。

修剪时期的确定，除受地区条件、树种生物学特性及劳动力的制约外，主要着眼于营养基础和器官情况及修剪目的而定。要根据具体情况综合分析，确定合理的修剪时期和方法，才能获得预期的效果。

早春开花树种花芽多在前年秋冬形成，春季修剪可达到维持花量，保持树体营养的目的，但由于春季的农忙季节，导致春季修剪劳动力不足。在春季劳动力充足的地区，对早春开花的花木，可以花前进行树体结构修剪，调整花量，花后进行细致修剪，剪去残花，保证充足的树体营养。

4.2 园林树木整形修剪时期的划分

一般来说整形修剪可分为休眠期修剪及生长期修剪两个时期。

休眠期修剪因各地气候而异，大约自土壤封冻，树木休眠后至次年春季树液开始流动前进行，一般12月至翌年2月。

生长季修剪是自萌芽后至新梢或副梢停止生长前进行（一般4～10月），其具体日期也因当地气候条件及树种特性而异。

休眠期（冬季）修剪，对落叶树木来讲，从秋天正常落叶到次年萌芽前进行，常绿树从秋梢（华中、华东、云贵川高原地区）或冬梢（华南地区）停止生长到次年春梢萌芽前，全树进入休眠阶段进行。树木落叶后，当年生枝梢中的养分逐渐向根系及主干等部位转移，3月又重新向上运输，所以在3月前剪去一部分枝条，养分损失较少。在长江流域及其以南地区，12月以后到翌年3月树液流动以前进行修剪，养分损失最少。过早或过晚修剪都会损失较多的养分，尤其是弱树，在修剪时间上要严格把握。

南方冬季温暖地区，常绿树如柑橘类一年抽生4次枝梢，一般无绝对的休眠期，通常在果实采收后到次年早春发芽换叶前进行修剪为宜。在北亚热带地区，应在次年换叶前、严冬过后修剪，此时既减少养分损失，又可避免引起冻害。

4.3 园林树木整形修剪的周期

所谓修剪周期就是指两次修剪的间隔期。不同树种的修剪周期不同，不同等级的绿地修剪周期也不同。树种选择合理，种植设计科学是减少修剪次数和修剪量的最好方法。

4.3.1 苗圃中苗木的修剪周期

为了培养牢固的树体骨架，在幼年期就要开始修剪。尤其是枝条具有下延生长习性的树木，如枥属、槭属的树木，应当从 1 年生时就开始修剪。

在修剪树木时，要先决定这个树木的培养目标是什么？是培养成乔木作行道树、庭荫树、防风林树木、障景树？还是培养成小型多干的园景树？要根据培养目标进行修剪。要想象一下 10～20 年以后这个树的树形是什么样？这棵树的永久性大枝将位于树干的什么位置？并且要尽早辨别出这些永久性大枝。通过截和疏的方法减缓临时枝的生长速度，车行道旁的行道树，第一个永久枝条通常位于离地面 2.5～4m 的位置。

为了使树木生长快又不萌芽过多，要定期进行轻剪。2～3 年生的树木第一次修剪去掉一些直径 1.3cm 以上的枝条，这样可暂时降低树木的生长速度。如果苗圃中幼树超过 1/4 的枝叶量需要疏除时，要分多次进行。

树木每年需要修剪多少次，因培养苗木的质量、树木的种类、生产地的气候条件以及其他因素而异。在气候较暖和的地区，第一年修剪 1 次，在第二三年每年修剪 2 次，能培养出质量高的苗木。如果前 3 年培养出了高质量的树体结构，在苗圃中的第四五年可能只需要一次修剪。这个修剪方案既预防了疏除大枝产生的大伤口，也促使了骨干枝的更快生长。

在气候较冷地区生长的树木，每年修剪 1 次就足够了，而在我国南部温暖的地区或许一年需要修剪 3 次。

4.3.2　树木的修剪周期

➢ 树木通过定期的修剪能形成合理的树体结构。

➢ 园林中的树木如果连续 5～10 年不修剪，将产生一些很难纠正的树体结构方面的问题。如果再延误 10～15 年，树形就会很差，根本不可能纠正这些缺陷。

➢ 所有树木采用相同的修剪周期是不科学的。树木的习性、树冠的形状、生长的速度、土壤条件、风的情况等因素都影响修剪周期的制定。寒冷地区树木生长慢，修剪恢复的也慢，修剪周期长。在寒冷地区为了改善树木结构，创造一个开心形的树形，比温暖地区要花更长的时间才能完成。

➢ 修剪周期决定着本次修剪的最大量和修剪伤口的大小。修剪伤口越大，产生腐烂和劈裂的可能性就越大，因此为了使修剪的伤口小，修剪周期就要尽可能缩短。截在创造强健的树体结构方面起着重要作用。对大多数树木而言，保持截面的直径小于 5～7.5cm 是合理的。合理的修剪周期就是既能保持将来疏剪的枝条直径小于 7.5cm，同时也能达到修剪目的。为了培育出理想的树形，园林中幼树比年龄较大的树需要修剪的次数多。

➢ 公用设施旁的树木应该采取预防性修剪方案。预防性修剪指由专业人员制订修剪方案、按修剪计划修剪，确保市政设施安全，而不是在问题发生后才采取补救措施。补救性修剪即直到园林树木出现问题时才修剪。

思 考 题

1. 修剪时期受哪些因素影响？修剪周期与修剪量有何关系？
2. 苗圃中将球形树冠改作行道树培养时为何需要修剪？
3. 为了减慢树木生长，修剪应在什么时间进行？
4. 幼年期树木在何种条件下生长最快？
5. 对大多数树木来说，何时修剪的伤口愈合最快？
6. 何时修剪对榆叶梅下一年开花量损失最小？
7. 有伤流的树何时修剪？
8. 休眠期修剪与生长季修剪对树势影响一样吗？
9. 社区树木最适合的修剪周期是几年？
10. 修剪周期与修剪量及最大安全修剪直径之间是什么关系？
11. 修剪周期受哪些因素影响？

[**本章提要**] 主要讲述园林树木整形常用的树形和技法的特点与应用范围。
弄清规则式修剪与自然式修剪的主要特点。

5.1 园林中常用的树形

树形是树冠形状的简称。树形是树木重要的观赏特征。树形受树高和冠幅等因素影响。树高与干性强弱有直接关系。树冠的大小受树高和环境条件双重影响。整形应当尊重树木本身的习性，这样可以减少修剪量和难度，达到事半功倍的效果。

园林树木种类繁多、习性各异，园林风格多样，立地条件复杂，所以园林树木整形也形式多样。依据人们对树木干预的程度和方式的差异，归纳起来可以将园林中常见的树形分为自然式、规则式和混合式三大类。

5.1.1 自然式整形

自然式整形是在树木本身特有的自然树形基础上，稍加人工调整和干预，形成自然的树形。这种整形方式具有高效、省工、树体自然、能充分发挥树木本身自然美的特点。

(1)针叶乔木类自然树形

如雪松尖塔形(图5-1)、杜松圆柱形(图5-2)。

图5-1　尖塔形：雪松　　　图5-2　圆柱形：杜松

（2）有中央领导干阔叶类

加杨：卵圆形。

（3）无中央领导干阔叶类

如梨树为圆球形（图5-3），合欢为伞形，杏树为扁圆形（图5-4）。

（4）棕榈形

棕榈类自然树形（图5-5）。

图5-3　圆球形：梨树

图5-4　扁圆形：杏树

图5-5　棕榈形：棕榈类

图5-6　球形：大叶黄杨修剪成球形

5.1.2　人工式整形

　　根据园林造景的特殊要求，有时将树木整剪成规则的几何形体，如方形、圆形、多边形等，或整剪成非规则式的各种形体，如鸟、兽等。这种整形是违背树木自然生长发育规律的，抑制强度较大；所采用的植物材料又要求萌芽力和成枝力均强的种类，对枯死的枝条要立即剪除，死的植株要马上换掉，才能保持整齐一致，所以往往为满足特殊的观赏要求才采用此种整形方式。在园林中作为绿色雕塑应用，但不宜大量应用。

　　几何形体　圆球形、长方体等（图5-6）。

图 5-7　龙造型

图 5-8　鹿造型

图 5-10　扇　形

图 5-9　狮子造型

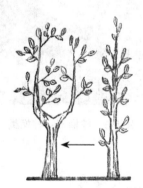

图 5-11　U 字形

雕塑式　火车、龙(图 5-7)。

动物造型　羊、鹿(图 5-8)、马、狮子(图 5-9)、鸟。

建筑造型　亭、廊、屏风、石灯笼。

垣壁式　扇形(图 5-10)、U 字形(图 5-11)、肋骨形(图 5-12)、树篱(图 5-13)。

5.1.3 混合式整形

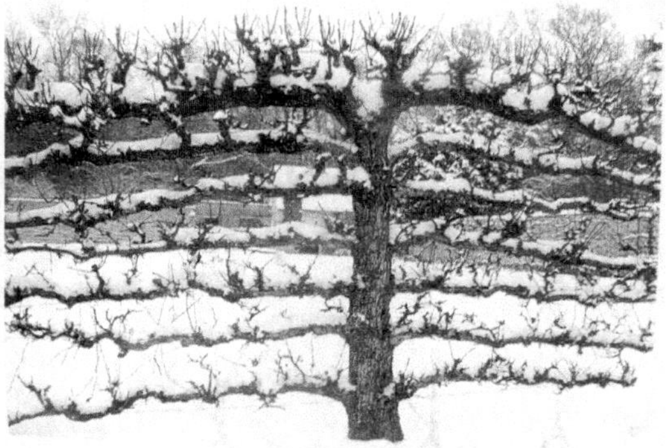

这类整形在观赏花木中应用较多。根据树木的生物学特性和环境条件要求，将树木整成与环境条件相一致的树形。通常有自然杯状形、自然开心形、多主干形、多主枝形、丛球形、棚架形，有中干分层形、有中干疏散形。

5.1.3.1 无中干形

图5-12 肋骨形

(1) 自然杯状形

"杯状形"即是常讲的"三股六杈十二枝"（见图8-6）。杯状形是由丛状形改造而成的，主干定干后无中心干，主干上着生3个主枝，俯视各主枝间呈120°，每一个主枝再分叉生成2个势力相等的主枝延长枝，下一年再一分为二，成为12个长势相等的分枝，停止向外延伸，树冠中空如同杯形。杯状形的优点是光照好。缺点是主枝机械分布，主从关系不明显，结合不牢固，主枝暴露于光下，易引发病害。自然杯状形是杯状形的改良树形，主枝分布比杯状形灵活（图5-14）。

杯状形整形过于机械，违背树木生长发育规律，费工费时，树木容易衰老。园林绿化中悬铃木、槐树整形时，在风大、地下水位高、土层薄或是空中有较多的电线时采用杯状形；目前园林中有很多观赏桃采用自然杯状形整形，苗木在出圃前已经培养了很低矮的主干，在主干上均匀地配置三大主枝，主枝之间约为120°角，每个主枝上选留2~3个侧枝，要求同级侧枝留在同方向，即若第一主枝的第一个侧枝在左侧，那么第二、三主枝的第一侧枝也均在左侧；第二侧枝都留在右侧，在侧枝上再适当选留副侧枝或花枝组。

(2) 自然开心形

自然开心形树形是自然杯状形的改良与发展。有一个低矮主干，主干上的主枝大多数为3个，也有2或4个的。主枝在主干上错落着生，在主枝上配备侧枝要求同级侧枝要留在同方向；在主枝的背上、中部留有大的花枝组，上部和下部留有中、小花枝组（图5-15）。对于强喜光且干性弱的树种，这种整形方式符合树木的自然发育特性，生长势强，骨架牢固，能实现立体开花。目前园林中干性弱的喜强光树种

图5-13 树 篱

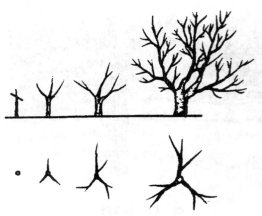

图 5-14　自然杯状形

图 5-15　自然开心形树冠

多采用此种整形方式。

(3) 多主枝形

这种树形适用于小乔木和灌木。整形修剪方法如下：在苗圃期间先留一个低矮的主干，其上均匀地配列多个主枝，在主枝上一般选留外侧枝，不留内侧枝，使其形成均整的树冠，此为多主枝形(图5-16A)。多主枝树形可以形成优美的瓶状形，可以提早开花，而且在冬季又可以观赏其树形和枝态，所以，目前海棠类特别是西府海棠多采用此种整形方式。

(4) 自然圆头形

有一个主干，主干上有3~5个主枝，错落着生于主干上，至一定时间再去中心主干，无中央领导干，但不呈开心形，而是闭心的。在主枝上根据情况培养副主枝与

A

B

图 5-16　多主枝型

开花枝组。此种树形修剪量轻，成形快，造型易。观果树种不适用这种树形，因为果实色彩差。有些耐阴性强的花木可修成这种树形(图5-17)。

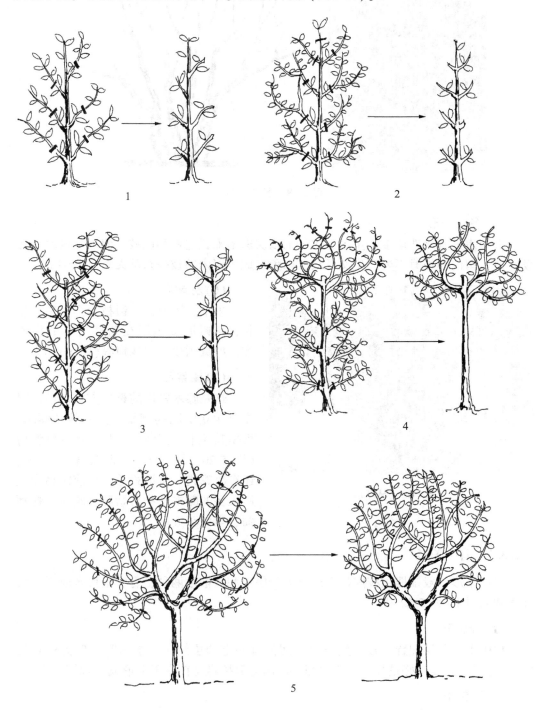

图5-17　有主干圆头形的整形过程，第1、2、3年是养干，第4、5年是养冠

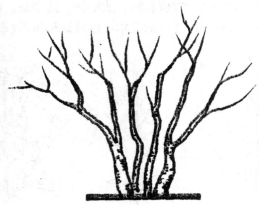

图 5-18 多主干形

（5）多主干形

自地表处直接选留多个主干，主干上依次递增配置主枝和侧枝，但留侧枝时一定要注意，留内侧枝时不要产生交叉枝，以免造成树冠内的枝条杂乱无章（图 5-18）。

图 5-19 丛球形

（6）丛球形

主干极短或无。留枝数多，呈丛生状，该树形多运用在萌芽力强的灌木类，如黄刺玫、珍珠梅等（图 5-19）。

（7）棚架形

这是藤木常用的整形方式。整形时先要建立坚固的棚架，然后栽植藤木，根据其生长发育习性进行引导和整剪（图 5-20、图 5-21）。除棚架形以外，还有凉廊式、篱垣式等。目前园林中应用最多的藤本植物有紫藤、凌霄、蛇葡萄、炮仗花等。

5.1.3.2 有中干形

有中干形一般根据主枝配列方式分为分层形和疏散形两种，有中干形多应用在大乔木和果树上（图 5-22）。

（1）分层形

在中干上分层配置主枝，层与层之间留有一定的层间距，层间距一般为树高的5%，每层的主枝最好是临近，不要邻接。因为邻接容易在中干上形成"卡脖"现象。

（2）疏散形

有一个明显的中干，主枝在中干上不是按一定距离分层配列，而是自然分布。整

图 5-20　棚架形示意图

图 5-21　棚架形

剪时，根据实际需要确定干高，将主枝均匀地配置在中干上，把扰乱树形的枝条剪掉。这种树形实际上就是自然树形稍加人工的干预，符合树木自然发育规律，树高冠大；庭荫树和孤植树多采用疏散形。

（3）疏散分层形

枝条分布介于分层形与疏散形之间。

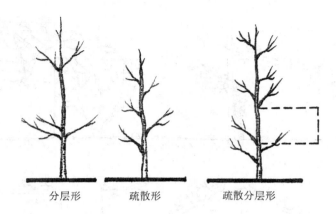

分层形　　　疏散形　　　疏散分层形

图5-22　有中干形的几种树形

5.2　修剪技法

树木修剪技法可以概括为：截、疏、放、伤、变5个字。但是在不同时期，对不同类型的枝条修剪有不同的称谓。

5.2.1　截

将枝条去掉一部分的操作统称为截。根据所截枝条的年龄和时期的不同又分为短截、摘心、回缩等。断根是指树根剪断一部分，实际也叫截。

5.2.1.1　短截

休眠季节将一年生枝剪去一部分叫短截。短截的目的是为了刺激剪口下的侧芽萌发，生长旺盛，枝叶繁茂。

（1）短截的作用

➤ 轻度的短截能刺激剪口下的侧芽萌发，增加枝叶密度，有利于有机物的积累，促进花芽分化。

➤ 短截缩短枝叶与根系之间营养运输的距离，有利于养分的运输。据测定，休眠季对一年生枝短截后新梢内氮素的含量比对照的高，而碳水化合物含量则较低。

➤ 中度短截有利于营养生长和更新复壮。

➤ 短截改变了顶端优势的位置，故为了调节枝势的平衡，可采用"强枝短留，弱枝长留"的做法。

➤ 短截可以控制树冠的大小和枝梢的长短，培养各级骨干枝要采用短截的方法。

（2）短截的分类

根据枝条剪去的多少和对剪口芽刺激作用的大小，将短截分为轻短截、中短截、重短截和极重短截（图5-23）：

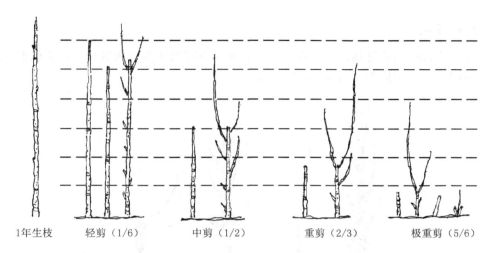

图 5-23　对 1 年生枝不同程度短截的修剪反应

1年生枝　　轻剪（1/6）　　中剪（1/2）　　重剪（2/3）　　极重剪（5/6）

　　轻短截　将 1 年生枝条从梢部剪去 1/6～1/4，以刺激下部多数半饱满芽的萌发，促发更多的中短枝，以形成更多的花芽。此法多用于观花观果树木的强壮枝的修剪。

　　中短截　指将 1 年生枝条剪去 1/3～1/2，即剪口在中部和中上部饱满芽的上方，使保留芽的养分相对增加，也使顶端优势转移到这些芽上，刺激发枝。

　　重短截　将 1 年生枝的 2/3～3/4 剪去，刺激作用大，由于剪口下的芽多为弱芽，剪口下的 1～2 个芽形成旺盛的营养枝，下部可形成短枝。适用于弱树、老树和老弱枝的更新。重截对剪口芽的刺激越大，萌发的枝条就越壮。

　　极重短截　指在枝条基部轮痕处短截，剪口下仅留 2～3 枚芽，由于剪口芽质量差，只能长出 1～2 个中短枝。

　　调整一二年生枝条长势时，对强枝要轻截，弱枝要重截。

5.2.1.2　回缩

　　将多年生枝从梢端剪去一部分，并且截面后部有一个与截去部分粗细差不多或略细的分枝作为枝头，这个截叫回缩。回缩属于广义的截。

（1）回缩的作用

　　回缩可以缩小树木体量，缩短水分运输距离，调节水分运输和分配，改善光照条件，使多年生枝条复壮。在树木生长势减弱，部分枝条开始下垂、树冠中下部出现光秃现象时采用此法。当树木体量过大影响了其他景观要素时也采取回缩法。

（2）回缩注意事项

　　➤ 中央领导干回缩时要选留剪口下的直立枝作头，直立枝的方向与主干一致时，新的领导枝干姿态自然，切口方向应与切口下枝条伸展方向一致。

　　➤ 主枝的延长枝头回缩时，如果截口下第一枝的直径小于剪口处直径的1/3时，必须留一段保护桩，等截口下的第一枝长粗后再把保护桩去掉，以确保顶端优势（图 5-24）。

5.2.1.3　摘心

为了使枝叶生长健壮或为了促生分枝，生长季将当年生新梢的梢头掐去或摘除的操作叫摘心，又叫掐尖、打头（图 5-25）。

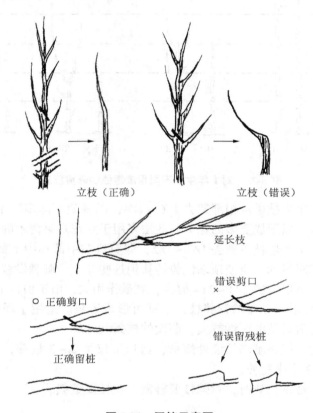

立枝（正确）　　　　　　　立枝（错误）

延长枝

○ 正确剪口　　　　　　　　错误剪口 ×

错误留残桩

正确留桩

图 5-24　回缩示意图

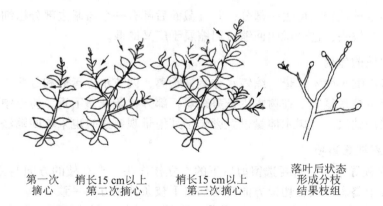

第一次　　梢长15 cm以上　　梢长15 cm以上　　落叶后状态
摘心　　　第二次摘心　　　　第三次摘心　　　形成分枝
　　　　　　　　　　　　　　　　　　　　　结果枝组

图 5-25　摘　心

(1) 摘心的作用

➤ 改变营养物质运输方向,使营养集中供应下部叶片,促进花芽分化和坐果。

➤ 可以促使枝条木质化,提早形成叶芽。

➤ 使营养集中于下部,可刺激下面的1~2枚芽萌发二次枝,加速幼树树冠的形成。

➤ 控制花期。

(2) 摘心注意事项

摘心一般在生长季进行,必须在有一定的叶面积时才能进行摘心,不能过早或过晚。

5.2.2　疏

疏就是将叶、花、果、枝从基部去掉。根据疏的对象不同可将疏分疏花、疏果、摘叶、抹芽。将花自花梗处去掉叫疏花,将果自果柄处去掉叫疏果,将叶片自茎部摘除叫摘叶。将一年生枝从基部去除叫疏枝,将芽抹掉叫抹芽。

5.2.2.1　疏除

将不需要的枝条从基部全部剪掉的操作称为疏除,亦称疏删、疏剪、删剪,简称疏。疏除的枝条一般比母枝细很多,疏包括从干上疏除主枝,从主枝上疏去侧枝等情况(图5-26)。

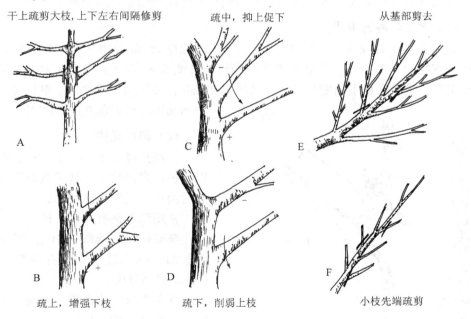

图5-26　疏枝截口位置示意图

A~D. 表示从主干疏除　E、F. 表示从侧枝疏除

(1)疏除的作用

调整生长势　疏枝减少树木光合作用的叶面积，对植株整体生长有削弱作用，疏枝必然形成伤口，对水分运输也有影响，对局部的刺激作用与枝条的着生位置有关，对同侧的剪口以下的枝条有增强作用，对同侧剪口以上的枝条有削弱作用，因为疏枝在母枝上产生伤口，影响营养物质的运输。疏枝越多，伤口间越近，距伤口越近的枝条，这两种作用越明显。通常用疏枝控制枝条旺长或调节植株整体和局部的生长势。疏去轮生枝中的弱枝，密生枝中的小枝，对树体均有益。但是疏枝不宜过多，否则削弱母树的生长势。幼树不宜疏枝过多。

改善光照条件　通过疏剪减少分枝，使树冠内通风透光，特别是短波光增强，有利于组织分化，不利于细胞伸长，故为了减少分枝或促进花芽分化，可采用疏剪的方法。以观果为目的的树木，应多疏枝，可使果实着色良好。

(2)疏除大枝的技术要领

疏除大枝截面位置的确定　锯截位置及操作方法正确与否直接影响到修剪伤口愈合的快慢和树木的健康。

20世纪70年代以前，通常采用尽量紧贴树枝基部锯除大枝，由于伤口过大不易愈合，造成安全隐患，现在已经不再采用。1983年以后美国专家建议采用自然目标修剪法(NTP)，即natural target pruning，截口既不紧贴树干，也不应留较长的残桩，正确的位置是贴近树干，但不超过侧枝基部的枝皮脊与枝领，这样就保留了枝领以内的保护带，可以防止病菌感染到树干。

枯死枝的截口位置　截口应在枯死的侧枝基部隆起的愈伤组织外侧。

(3)大枝疏除的步骤

疏除直径在10cm以上的大枝时，应先在距截口25cm处由下至上锯一伤口，深达枝干直径的1/3～1/2；然后在距第一伤口的外侧5cm处自上而下锯截，此时侧枝可被折断；最后在留下的侧枝桩上正确的位置截断，并用利刀将截口修整光滑，涂保护剂或用塑料布包扎(图5-27)。

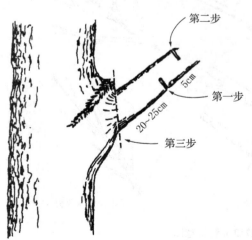

(4)截口保护

一般直径大于1cm的截口，都应加以保护，先用洁净刀具将截口修剪平滑然后消毒，最后涂保护剂。

常用消毒剂有如下几种：

硫酸铜液　硫酸铜10g，用10L水溶解后，倒入温水中搅拌均匀，再以10L水稀释待用。

波尔多液　用硫酸铜10g，生石灰10g，水1L，调和待用。

福尔马林(甲醛)液　35%福尔马林加水3～5倍，即可用于杀菌。

图5-27　大枝疏除的截口位置及步骤

保护剂有保护蜡、油铜制剂、液体保护剂等。

保护蜡　松香2500g、黄蜡1500g、动物油500g配制。先把动物油在锅内加温熔化，再放入松香粉与黄蜡，不断搅拌到全部熔化熄火冷却后即成。一般用于涂抹面积较大的截口。

油铜制剂　豆油1000g、硫酸铜1000g、熟石灰1000g配制。先将硫酸铜和石灰研成粉末，将豆油倒入锅内煮至沸腾，再将研好的硫酸铜和石灰粉加入，搅拌均匀冷却后可用。

臭柏油　含有石油成分，能损坏树木组织，影响愈合。一般用于粗放的公路行道树或用材树剪口涂抹。观赏价值高的树木伤口，一般不用这种保护剂。

白涂剂　应用较广，其配制比例为生石灰8、动物油1、食盐1、水40（以重量计）。如欲节约成本，动物油可以不用。为了增加美学效果，在白涂剂中加入一定的颜色，使其与树皮色彩协调一致。

树木几种修剪反应见表5-1。

表5-1　树木几种修剪反应的对比

修剪方法	树木反应								
	使保留叶片有活力	诱导萌芽	树冠密度	树冠高度	树冠宽度	易受暴风危害的情况	易受太阳伤害的情况	易受茎腐和劈裂的情况	截到自然边界
回缩	是	通常	减少	减少	减少	低到中等	中到高	中到高	不是
疏除	是	或许	减少	通常不受影响	轻微的减少	低	低	低	是
短截（截顶）	不是	是	先减少然后很快增加	减少	减少	高	高	高	不是

5.2.2.2　抹芽

芽萌发前，将干或枝条上多余的芽摘除的操作称抹芽或除芽。抹芽可以减少无用芽对营养的消耗，使营养集中到被保留的芽上。

5.2.2.3　除萌

除萌又称去蘖，指将从树木基部萌发出来的蘖条去除的过程。嫁接繁殖或易生根的树木，随时要除去萌蘖。桂花、榆叶梅和月季在栽培养护过程中经常要除萌，以免萌蘖长大后扰乱树形，并防止养分的无效消耗。

5.2.2.4　摘蕾和摘果

摘蕾、摘果是指将花蕾或果实摘除，又叫疏花疏果。此技术措施在园林中经常应用，如丁香结实率较高，花后要及时摘除残花，否则果实成熟后，满树挂着褐色的蒴果，很不美观，所以园林单位为了增加观赏效果，常采用此项措施。月季在夏季进行修剪，实际上主要是去残花。

5.2.2.5　摘叶

　　将叶片带叶柄剪除称摘叶。摘叶可改善树冠内的通风透光条件，使观果树木的果实充分见光，着色好，果实美观，对枝叶过密的树冠进行摘叶，还有防止病虫害发生的作用。通过摘叶还可以进行催花。假如我们令丁香、连翘、榆叶梅、山桃等春季开花的花木在国庆节开花，可以通过摘叶进行催花，一般在 8 月中旬摘去 50% 的叶片，9 月初，再将剩下的叶片全部摘除，同时加强肥水管理，可使早春开花的花木在国庆节期间开花。对于一些秋季落叶晚的花木，人工摘叶可以提高其越冬防寒性。

5.2.3　放

　　营养枝不剪称甩放或长放。甩放的原理是利用单枝生长势逐年递减的自然规律。长放的枝条留芽多，抽生的枝条也相对增多，营养生长变弱，能促进花芽分化。但是营养枝长放后，枝条增粗较快，特别是背上的直立枝，越放越粗，运用不妥，会出现树上长树的现象，必须注意防止。一般情况下，对臂上的直立枝不采取长放，如果要甩放，也必须结合运用其他的修剪措施，如弯枝、扭梢或环剥等；甩放一般多应用于长势中等的枝条，这样的枝条甩放后形成花芽把握性较大，不会出现越放越旺的情况。

　　丛生的连翘、金银木等花灌木修剪时，为了形成潇洒飘逸的树形，在树冠的上方往往甩放 3~4 条长枝，远远地观看，长枝随风摆动，非常好看。

5.2.4　伤

　　广义的伤是指用各种方法破伤枝条的皮部(韧皮部和木质部)。伤包括刻伤、环剥、折裂、扭梢、拿枝等。环剥、折裂、扭梢、拿枝是在生长季应用，而刻伤的方法在休眠季结合其他修剪方法综合应用。

图 5-28　目　伤

5.2.4.1　刻伤

　　刻伤分为目伤、纵伤和横伤。

(1)目伤

　　目伤是在芽或枝的上方或下方进行刻伤，伤口的形状像眼睛，所以称为目伤。伤的深度以达到木质部为度。休眠季在芽或枝的上方刻伤，由于春季树液是从下向上运输的，使养分和水分在伤口处受阻而集中于该芽或枝，促使该芽萌发。在整形时利用此法可以在希望生枝的部位上方目伤。当在芽或枝的下部目伤时减弱了目伤上面的枝的生长势，利于花芽的形成。刻伤的伤口越宽越深，作用越明显。如图 5-28 所示。

（2）纵伤

在枝干上用刀纵切，深达木质部的措施叫纵伤，作用是减弱了对树皮的机械束缚力，促使枝条加粗生长。盆景树木常用此法使树增粗变老。

（3）横伤

横伤是对树干或粗大主枝横砍数刀，深及木质部。作用是阻滞有机物向下运输，利于花芽分化，促进开花结实丰产。

5.2.4.2 环剥

生长季将枝条的皮层和韧皮部剥去一圈的措施叫环状剥皮，简称环剥。如图5-29所示。

（1）环剥的作用

环剥中断韧皮部的输导系统，即暂时中断了有机物向下运输的通道，增加了环剥以上部位碳水化合物的积累，改变了C/N比，促使花芽形成，利于成花。

图 5-29　环　剥

环剥还改变了激素平衡，因为根部合成的细胞分裂素是通过木质部向上运输的，茎尖产生的生长素是通过韧皮部向下运输的，生长点细胞分裂素累积利于成花。

（2）环剥注意事项

➤ 环剥是在生长季应用的临时措施，开花结果后冬季修剪时就把环剥以上部分的枝条剪去了，故不能在主干、中干、主枝等骨干枝上进行，应选临时性非骨干枝进行。

➤ 伤流过旺（如元宝枫）、易流胶的树（如桃树）不宜环剥。

➤ 环剥部位以上要有足够的枝叶量。

➤ 环剥要在春季新梢叶片大量形成后，最需要同化养分时，如花芽分化期、落花落果期、果实膨大期进行。

➤ 环剥不宜过宽或过窄，一般2～10mm，依据枝的粗细和树种的愈伤能力而定，过宽不利于愈合，过窄达不到目的。

➤ 环剥不能过深或过浅。过深伤了木质部易造成环剥枝死亡或折断，过浅达不到目的。

5.2.4.3 折裂

为了曲折枝条，使之形成各种艺术造型，常在早春芽稍微萌动时，对枝条施行折裂处理。具体做法：先用刀斜向切入，深达枝条直径的1/2～2/3处，然后小心地将枝弯折，并利用木质部折裂处的斜面互相顶住（图5-30）。为了防止伤口水分损失过多，往往在伤口处进行包裹。伤流旺，容易流胶的树种慎用。

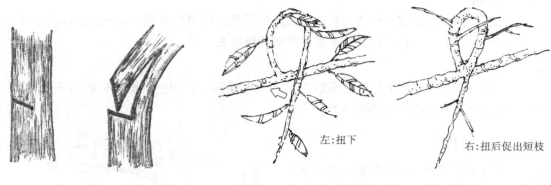

图 5-30　折　裂

图 5-31　扭　梢

左：扭下

右：扭后促出短枝

5.2.4.4　扭梢(枝)

扭梢就是生长季当新梢长到 20～30cm，已半木质化时，将旺梢向下扭曲，木质部和皮层都被扭伤而改变了枝梢方向(图 5-31)。扭梢是夏剪时促进树木成花的一种有效修剪方法。对一些背生枝、徒长枝，用扭梢的方法转化为结果枝或结果枝组，比疏除好，既节约养分又能多结果。将枝梢先端或基部捻转的技术称为捻梢，又叫扭梢。

5.2.4.5　拿枝

拿枝是用手对旺梢自基部到顶部捏一捏，伤及木质部，响而不折，通常花农所说的"伤骨不伤皮"。这些方法可以影响养分的运输，从而使生长势缓和，促进中短枝的形成，有利于花芽的分化(图 5-32)。

5.2.4.6　倒贴皮

生长季将枝或干上的皮切掉一块取出倒过来再贴上的操作，叫倒贴皮。与环剥作用类似(图 5-33)。伤流旺，容易流胶的树种慎用。

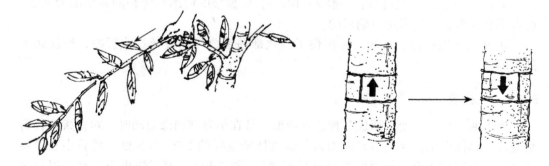

图 5-32　拿枝(捋枝)

图 5-33　倒贴皮

5.2.5　变

变是改变枝条生长的方向和角度，以调节顶端优势为目的的整形措施，变可改变树冠结构，变的形式有屈枝、拉枝、圈枝、撑枝、蟠扎等（图5-34）。

5.2.5.1　屈枝

在生长季将枝条或新梢施行屈曲、绑扎或扶立等诱引技术措施。这一措施虽未损伤任何组织，但当直立诱引时，可增强生长势；当水平诱引时，则有中等的抑制作用，使组织充实，易形成花芽；当向下屈曲诱引时，则有较强的抑制作用。

5.2.5.2　拉枝

用绳子或金属丝把枝角拉大，绳子或金属丝一端固定到地上或树上；或用木棍把枝角支开；或用重物把枝下坠。拉枝的时期以春季树液流动以后为好，这时的一二年生枝较柔软，开张角度易到位而不伤枝。在夏季修剪中拉枝也是一项不可缺少的工作。

5.2.5.3　撑枝

这是开张枝条角度的一种方法。又叫支柱，用硬物夹在树干与枝的夹角内，强迫角度变大（图5-34）。

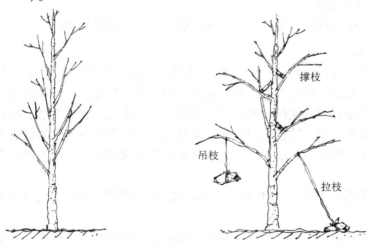

图5-34　拉枝、吊枝、支枝

5.2.5.4　圈枝

在幼树整形时为了使主干弯曲成疙瘩状，常采用圈枝的技术措施。可以削弱生长势，使树干变矮，并能提早开花。圈枝一般在冬剪时进行，多用于那些非骨干枝。圈枝不能太多，切忌重叠，影响树冠内光照（图5-35）。

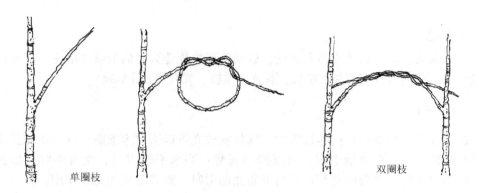

单圈枝　　　　　　　　　　　　　　　　　　　　双圈枝

图 5-35　圈　枝

5.2.5.5　蟠扎

一般分为金属丝蟠扎和棕丝蟠扎两大类。

金属丝材料易得，操作简便易行，造型效果快，能一次定型，但金属丝容易损伤树皮。棕丝不伤树皮，拆除也方便，但是北方很难得到，操作比较复杂，费时间，造型效果慢，应用有一定局限性。

蟠扎时期必须适宜，否则枝易折断，树势也会变弱甚至枯死。一般来说，针叶树蟠扎的最佳时期在 9 月至翌年萌芽前。落叶树蟠扎较好的时期是休眠期过后（翻盆前后）或秋季落叶后进行。

金属丝的蟠扎技巧：主要是主干和主枝、侧枝的蟠扎技巧。

（1）主干蟠扎

①金属丝的选择　常用的金属丝有铁丝、铜丝、铝丝等。铝丝和铜丝柔软易缠绕，但是价格较高。铁丝较廉价但硬度大，因此铁丝要退火，即在火上烧，当铁丝变红时取出，放凉后用，这样的铁丝硬度降低，光泽褪去，显得自然。根据树干粗细选用适度粗细的金属丝，铁丝一般以 8～14 号为宜，数字越小代表的铁丝越粗。金属丝粗度要与树干或树枝的粗度相当，过细达不到造型的要求；金属丝的长度应是主干高度的 1.5 倍。

②缠麻布或尼龙带　蟠扎前先用麻布或尼龙带缠于树干上，以防金属丝勒伤树皮。

③金属丝固定　对树干缠绕造型时，把截好的金属丝一端插入土壤中靠近主干的观赏面根部，一直插到盆底或将金属丝一端缠在根上。

④金属丝缠绕的方向、角度与松紧度　如要使树干向右扭旋作弯，金属丝则顺时针方向缠绕，反之，则按逆时针方向缠绕。金属丝与树干呈 45°角。缠绕的松紧度要适宜，既不能勒入树皮，也不能使金属丝与干皮间有大缝隙。

⑤拿弯　缠好金属丝后开始拿弯。拿弯时应双手用拇指和食指、中指配合，慢慢扭动，重复多次，使其韧皮部、木质部都得到一定程度的松动和锻炼，也叫"练干"或叫"按摩"。如不进行练干，一开始就用力扭曲，容易折断。有时一次达不到理想

弯度时，可渐次拿弯，直到达到所希望的形状。若不慎折裂时，可用绳子捆绑一下，进行补救。如树干较粗金属丝较细时，可采用双股金属丝缠绕，以增强强度，双股铁丝要平行，不能交叉；如树干过粗时，可采用机械等造型器来改变树干方向，以达到树干造型目的。如树干顶端较细，可接着缠较细的金属丝，下端固定在分枝处或粗一级金属丝上。

(2) 主枝蟠扎

应将铁丝固定在树干上。在可能时，一条金属丝作肩挎式，将金属丝中段分别缠绕在邻近的两个小枝上。注意两条金属丝通过一条枝干时不要交叉缠绕形成"X"形。

(3) 金属丝蟠扎后的养护管理

蟠扎后 2~4d 要浇足水分，两周内避免阳光直射和大风吹，每天叶面要喷水，以利愈合。粗干蟠扎后要 4~5 年才能定型，小枝也要 2~3 年时间才定型。定型期间根据生长情况及时松绑（老桩 1~2 年松绑，小枝 1 年），否则金属丝嵌入皮层甚至木质部，造成枯枝或枯死。解除金属丝时，应自上而下，自外向里（与缠绕方向相反）。如发现金属丝嵌入树皮，可分段取下。

另外，还可采用金属丝非缠绕造型，即不用金属丝缠绕枝干，先将金属丝紧贴树干，再用尼龙带将树干与铁丝自下而上缠绕在一起，而后拿弯造型。其优点是不伤树皮，尤其是减少了拆除时的繁杂过程，也不伤枝干。

棕丝蟠扎是川派、扬派、徽派盆景传统的造型技艺。一般先把棕丝加工成不同粗细的棕绳，将棕绳的中段系在需要弯曲的枝干的下端（或打个套结），将两头相互绞几下，放在需要弯曲的枝干顶端，打一活结，再将枝干慢慢弯曲至所需弧度，再收紧棕绳打成死结，即完成一个弯曲。棕丝蟠扎的关键在于掌握好着力点，要根据造型的需要，选择好下棕与打结的位置。棕丝蟠扎的顺序，先扎主干，后扎主侧枝，先扎顶部后扎下部，每扎一个部分时，先大枝后小枝，先基部后端部。弯曲较粗的枝干时，可先用麻皮包扎，并在需要弯曲的外侧衬一条麻片，以增强树干的韧性。如树干粗弯曲困难，还可用纵切法。一般在 1 年后拆除棕丝，慢长树可延长到 3 年左右。

思 考 题

1. 树木分枝习性与树形有何关系？
2. 请分析自然式整形与规则式整形在工作量上的不同之处。
3. 园林树木修剪技法中广义的截包括哪些种类，作用是什么？
4. 摘心的作用是什么？
5. 回缩大枝要注意什么？
6. 不同季节在树干上横伤作用一样吗？

第6章
修剪工具与修剪中常见的问题

[**本章提要**]主要讲述修剪工具的选择、使用及修剪中常见的技术问题。

6.1　整形修剪所需要的工具

"工欲善其事，必先利其器"。园林树木的种类繁多，功能多样；园林树木整形修剪的工具种类多，特点不同。只有正确地使用相应的工具，才能达到事半功倍之效。修剪常用的工具有手工工具，机械工具，梯子和升降机等。常用的手工工具有剪刀、锯、刀、斧头和梯子等；机械工具有绿篱修剪机、电动锯等。

6.1.1　剪刀

主要有桑剪、圆口弹簧剪、小型直口弹簧剪、大平剪、高枝剪、残枝剪等。

桑剪　适用于木质坚硬、枝条粗壮的树木。剪切粗枝时应稍加回转。

普通修枝剪　又叫圆口弹簧剪，适合于修剪花木及果树直径在3cm以下的枝条。操作时，用右手握剪，左手将枝条向剪刀方向用力猛推，即可剪掉枝条，切记不要向内扳枝条（图6-1）。

小型直口弹簧剪　适用于夏季摘心、剪梢及树桩盆景小枝的修剪。

大平剪　又称绿篱剪、长刃剪，适用于绿篱、球形树的修剪。它的条形刀片很长，刀面较薄，易形成平整的修剪面，但只能用来平剪嫩梢（图6-2）。

高枝剪　适用于庭园孤立树、行道树等高干树的修剪。因枝条所处位置较高，用高枝剪可免登高作业，对于有高血压和恐高症的工作人员很合适（图6-3）。

残枝剪　刀刃在外侧，可从基部剪掉残枝，切口整齐。使用时，刀间的螺丝钉不要旋得太紧或太松，否则影响工作。一次修剪必须整齐干净，切口要小，树枝从中间掉下，不要留有毛糙切痕（图6-4）。

电动剪　常用来修剪绿篱。

自行式绿篱修剪机　用于高速公路中央分隔带内的绿篱植物的修剪养护作业，具有作业效率高、修剪质量好、生产安全、操作和养护方便、转场迅速等特点，也可用于园林植物和城市灌木丛林的修剪、造型等作业（图6-5）。

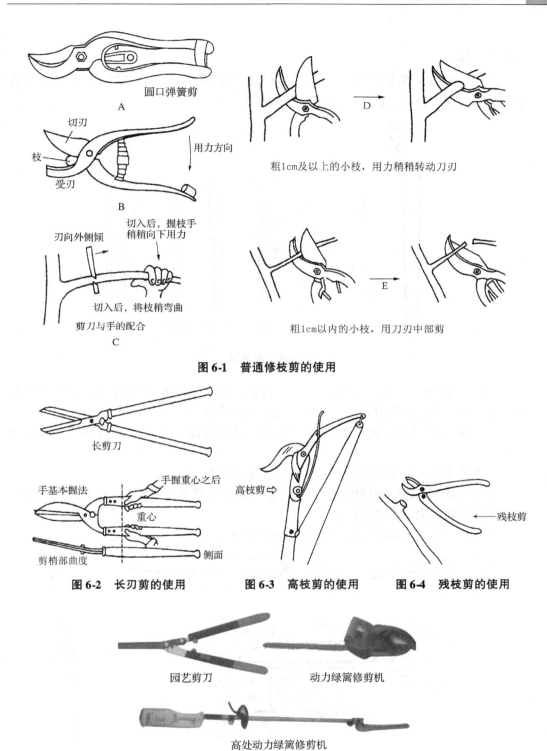

圆口弹簧剪

A

切刃

枝

受刃

用力方向

B

粗1cm及以上的小枝，用力稍稍转动刀刃

D

刃向外侧倾

切入后，握枝手稍稍向下用力

切入后，将枝稍弯曲

剪刀与手的配合

C

粗1cm以内的小枝，用刀刃中部剪

E

图6-1　普通修枝剪的使用

长剪刀

手基本握法　　手握重心之后

重心

剪梢部曲度　　　侧面

图6-2　长刃剪的使用

高枝剪

残枝剪

图6-3　高枝剪的使用　**图6-4　残枝剪的使用**

园艺剪刀　　　动力绿篱修剪机

高处动力绿篱修剪机

图6-5　各式绿篱修剪机

6.1.2　锯

适用于锯粗大枝或树干。一般左手握树枝，右手握锯，一口气锯下。锯的类型有手锯、折叠锯、竹锯、枝锯、电动锯等(图6-6)。

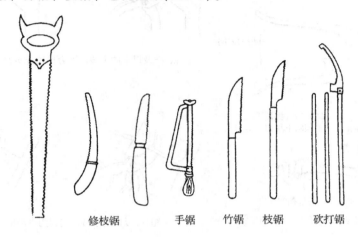

修枝锯　　　　　手锯　竹锯　枝锯　砍打锯

图6-6　各种锯

手锯　长25~30cm，刃宽4~5cm，齿细，锯条薄而硬，锯齿锐利，齿刃左右相间平行向外。适用于修剪花木、果木、幼树枝条(图6-7)。

电动锯　适用于较大枝条的快速锯截。好锯刃面锋利，反弹性好，具有铿锵声音。

单面修枝锯　适用于截断树冠内中等粗度的枝条。

双面修枝锯　适用于锯除粗大的枝干，其锯片两侧都有锯齿，一边是细齿，另一边是由深浅两层锯齿组成的粗齿。

高枝锯　适用于修剪树冠上部的大枝(图6-8)。

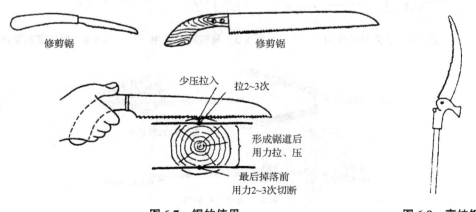

修剪锯　　　　　　修剪锯

少压拉入　　拉2~3次

形成锯道后
用力拉、压

最后掉落前
用力2~3次切断

图6-7　锯的使用　　　　　　　**图6-8　高枝锯**

6.1.3　刀子

适用于花木修剪的刻伤。同时也可用在锯截大枝、修理伤口等处。刀子的种类有芽接刀、电工刀、刃口锋刀等。

6.1.4　梯子及其他辅助工具

梯子　工作人员修剪高大树体的高位干、枝时登高而用。在使用前首先要观察地面软硬凹凸情况，确保梯子放稳，以保证其安全(图6-9)。

升降机　适用于修剪高大的树木，且大大提高工作效率(图6-10)。

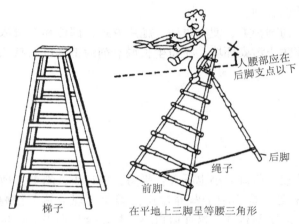

梯子

图6-9　修剪梯子及使用

图6-10　升降机

涂抹伤口的工具　涂抹粗放保护剂，常用干净的高粱刷。

涂抹油亮保护剂　一般用小型毛刷，既节省用量，涂抹周到，又方便。小毛刷可用棕榈丝、猪鬃等材料制作。

6.1.5　工具的保护

剪刀、锯、刀子等金属工具用过后，一定要用清水冲洗干净，再用干布擦净，并在刀刃及轴部抹上油，放在干燥处保存。其他工具在使用前，都应进行认真检查，以保证使用安全。

6.1.6　化学修剪

为了提高劳动生产率，降低劳动成本，确保园林绿化功能的充分发挥，已经开始采用化学修剪。所谓化学修剪就是采用植物生长调节剂，延缓植物生长速度，使植物生长矮壮，代替部分修剪操作，是现代化栽培养护的趋势。

生长调节剂进入植物体的部位是叶片、茎部、根部。剂型分水剂、粉剂、油剂、气态。

(1)应用生长抑制剂或生长延缓剂,代替抹芽、摘心、扭梢、剪枝等部分工作

常用的植物生长抑制剂:脱落酸(ABA)、马来酰肼(MH)、三碘苯甲酸(TIBA)、整形素(EPA)、增甘膦。

常用的生长延缓剂:矮壮素(CCC)、比久(B_9)、多效唑(PP_{333})、皮克斯(PIX),绿化胆碱、烯效唑(S-3307)、粉锈宁、调节膦、抗倒胺等。

(2)促进侧芽萌发生长、开张枝梢角度、代替摘心弯枝等部分作用

PP528、NC9624、TIBA、化学摘心剂、多效唑等。

(3)疏花疏果

赤霉素、西维因、乙烯利、落叶促进剂。

化学修剪注意事项:选用恰当的药剂种类、使用时期、施用方式、部位和剂量浓度,先小范围试验再大面积应用。要防止污染环境。喷布生长调节剂的工具可以参照农药的喷布工具,此处不再赘述。

6.2　修剪技术问题

6.2.1　剪口的状态

短截枝条时,剪切方式不同,造成的剪口大小也不等:平剪,剪口小;斜剪,剪口大。剪口位于剪口芽的上方 0.5cm 处,这样利于营养输送,避免出现干枯,影响美观;如果是斜切口,切口下端与芽之腰部相齐,这样剪口小,易愈合且利于芽体生长发育。

剪口的状态和剪口芽的位置有 5 种情况(图 6-11)。

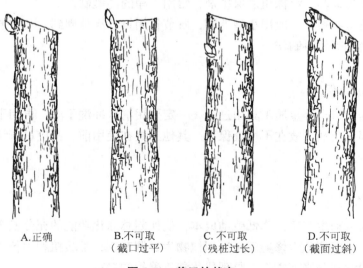

A.正确　　　B.不可取　　　C.不可取　　　D.不可取
　　　　　　（截口过平）　　（残桩过长）　　（截面过斜）

图 6-11　剪口的状态

图 6-11C 是在剪口芽上方留一小段枝干，因养分不易流入残留部分，剪口很难愈合，常致枯干。如果全树留下这样的残桩过多，不美观，非常影响观赏效果。在复剪时一定将这一小段残桩剪除。月季和紫薇冬剪时为了保护剪口芽，在此芽上方则留一小段，第二年早春复剪时再行剪去。反之，不仅影响美观，还会成为病虫侵袭的据点，影响正常生长。

6.2.2　剪口芽的位置

剪口留壮芽，则发壮枝；剪口留弱芽，则发弱枝。如剪口芽萌发的枝条作为主干延长枝培养，剪口芽应选留使新梢顺主干延长方向直立生长的芽，同时要和上年的剪口芽相对，即在另一侧。主干延长枝一年选留在左侧，另一年就要选留在右侧，其枝势保持平衡，不致造成年年偏于一方生长，使主干呈直立向上的姿势延伸。

如果为了扩大树冠，使剪口芽作为主枝延长枝培养，宜选留外侧芽作剪口芽，芽萌发后可生长为斜生的延长枝。如果主枝过于平斜，也就是主枝开张角度过大，生长势较弱，短截时剪口芽要选留上芽，则芽萌发后，抽生斜向上的新枝，从而增强生长势。所以，在实际修剪工作中，要根据树木的具体情况，选留不同部位和不同饱满程度的芽进行剪截，以达到平衡树势的目的。

6.2.3　大修剪伤口的保护

一旦树木受到机械、动植物及自然灾害的伤害之后，伤口直径大于 1cm 时，都应加以保护。

有些老树、古树的伤口，因年久失治而形成树洞，对于不能愈合者，要采取填充的措施，以免雨水浸入，发生腐烂。填补前先将空洞清除干净，进行消毒后，再分别填入经过消毒杀菌的树枝或木条，再注入环氧树脂。最后表面涂上与树皮同色的保护剂，以保持美观。

6.3　修剪注意事项

➢ 整形修剪是一项技术性较强的工作，所以修剪人员要对所修剪植物的生物学习性有一定了解，并懂得修剪的基本知识，才能从事此工作。

➢ 修剪所用的工具要坚固和锋利，在不同的情况下作业，应有相应的工具。如电线附近使用高枝剪修剪时，不能使用金属把的高枝剪，应换成木把的，以免触电；如修剪带刺的花木时，应配备枝刺扎不进去的厚手套，以免划破手。

➢ 修剪时一定注意安全，特别是上树修剪时，树不能有安全隐患，梯子要坚固，要放稳，不能滑脱；大风天气时不能上树作业；有心脏病、高血压或喝酒过量的人也不能上树修剪。修剪时不可说笑打闹，以免发生事故。

➢ 几个人同剪一棵树，应先研究好修剪方案，再动手去做。如果树体高大，则应由一个人专门负责指挥，以便在树上或梯子上协调配合工作，绝不能各行其是，造成最后将树剪成无法修改的局面。

➤ 使用电动机械前一定要认真阅读说明书，严格遵守操作规范，不可麻痹大意。

➤ 及时清理剪下的枝条，既保证环境清洁又消除了安全隐患。

➤ 修剪要征得业主的认可，最好签订合同，避免法律和经济纠纷。

➤ 高压线附近的修剪应由电力等专门人员配合进行。

➤ 修剪病虫枝之后，工具要消毒，修剪下来的病虫枝叶，一定要收拢后集中处理，否则造成人为病害传播。

思 考 题

1. 化学修剪的原理是什么？

2. 枝剪剪枝时为何一手拿剪刀，一手向外推枝条？

3. 修剪工具为何要锋利？修剪大伤口为何要保护？截口的位置和方向要注意什么？

[**本章提要**]讲述庭荫树、行道树的质量标准，树木冠高比的概念及其意义，苗圃中庭荫树和行道树苗木的树干和树冠的培养方法。

培养优质的行道树和庭荫树大苗是一个系统工程，涉及种植地的土壤施肥、水分，栽植的密度，植物病虫害防治和越冬管理，整形修剪等诸方面。整形修剪仅是其中的一个环节。本章主要谈在荫木类大苗培育过程中的整形修剪问题。

7.1　庭荫树与行道树概述

7.1.1　庭荫树与行道树的概念

庭荫树是指栽种在庭园或公园，以取其绿荫为主要目的的树种。

行道树是指种植在道路两旁，给车辆和行人遮阴，并构成街景的树种。根据道路用途的不同行道树可分为街道行道树、公路行道树和甬道及墓道树。同一树种种植在车行道旁比种植在人行道两旁的枝下高要高一些。

行道树必须具有抗性强，耐修剪，主干直，分枝点高等特点。如悬铃木、槐、椴、银杏、七叶树、元宝枫、樟等落叶或常绿乔木都可作为行道树。

行道树和庭荫树同为荫木类，但是二者又有区别，庭荫树对树干通直度和枝下高的要求不如行道树严格。所以本节在培养通直主干的方面主要以行道树为例来谈。

7.1.2　行道树苗木的培养规程(标准)

园林环境的复杂性和园林绿地功能的综合性决定了园林绿化要求大规格苗木。如《北京市城市园林绿化用植物材料木本苗标准》(地方标准)规定："北京园林中应用的乔木类苗木主要质量要求：具主轴的应有主干，主枝3~5个，主枝分布均匀；落叶大乔木慢长树干径5.0cm以上，快长树干径7.0cm以上；落叶小乔木干径3.0cm以上；常绿乔木树高2.5m以上。"中华人民共和国《城市绿化和园林绿地用植物材料木本苗》CJ/T34—1991中规定阔叶乔木作行道树应具有主枝3~5个，干径不小于4.0cm，分枝点高不小于2.5m，针叶乔木应具主轴、具主梢。北京市行道树用乔木类苗木主要质量规定指标为：阔叶乔木类干径不小于 4.0cm，主枝 3~5 个，分枝点高不小于 2.5m（特殊情况下可另行掌握）；针叶乔木树高 4.0m 以上。

《中华人民共和国行业标准城市绿化工程林施工验收规范》（CJJ/T82—1999）中规定：相邻植株规格高度、干径、树形近似。

条文中的几个专门术语释义：

干径 落叶乔木树种的出圃规格一般是以胸径表示，胸径是指树干离地面 130cm 高处的直径，又叫干径。所谓地径是指离地面 10cm 高处的树干直径，单干型灌木粗度常用地径表示，又叫基径。

树高 自地面到树冠顶端树木的高度。常绿乔木的规格通常以树高计。

枝下高 自树冠下部第一个分枝到地面的垂直高度叫枝下高，枝下高是荫木类的一个重要指标。

从以上标准不难看出，一般情况下行道树应满足如下要求：

一定高度的树干 为了行人和车辆的安全，行道树枝下高不低于 2.5m（3m），对于白蜡等枝条下延性的树种，分枝点要高一些；对于枝条直立性强的树种，分枝点可以低一些。庭荫树的干高可以稍低于行道树。

树干通直 行道树要求树干通直，如果树干弯曲，作行道树达不到整齐划一的群体美。园景树树干不一定要直，可以有弯曲。

树干有一定的高粗比 树干高度与粗度（胸径）之比，叫高粗比。高粗比以 20~30 为宜。林木类用尖削度这个概念，树干直径自下而上逐渐变细，这样的树干坚固，抗风能力强。高粗比大于 50 的最容易折断。

树干上没有大的伤口 大伤口影响美观，易招病虫害侵入而引起腐烂，影响树木的安全性。

骨干枝分布合理、结构牢固 3~5 个主枝在主干上均匀分布，主枝粗度小于树干粗度的 1/3，安全牢固。

规格一致 一行行道树的规格一致，尤其是树高、枝下高一致。

7.2 繁殖苗的抚育修剪

苗圃中繁殖苗修剪的方式因树种和培育目的而定。一般以自然树形为主，因树造型，轻量修剪，分枝均匀，冠幅丰满，干冠比例适宜。行道树苗木要主干通直，主侧枝分明，分枝点高不低于 2m，并逐年上移，直到规定干高为止。

7.2.1 顶芽发达的速生树种

如杨树类小苗在繁殖的当年应及时去除叶腋间的萌蘖芽，从苗高生长到 50cm 高时开始剥芽，以后苗高每增高 30cm 剥芽一次，直到 180cm 高时剥芽停止。180cm 高以上的分枝留作苗冠。

7.2.2　顶芽较弱叶片较小的树种

柳树类小苗幼苗阶段叶片量较小，萌生的侧枝可以保留，待苗高 1~1.5m 时，下部分枝渐多渐粗，开始影响主干的高生长，需要进行适量疏剪，剪去那些对主干培养造成威胁的较粗的竞争枝。秋节掘苗时上部的枝条留 15~20cm 短截，便于秋季掘苗假植。

7.2.3　养干困难的树种

槐树、栾树等树干容易弯曲树种的播种苗可以采取留床养干逐年提干法。间苗时留出 30~40cm 的株距(行距 60~70cm)，在播种苗干粗壮直立的部位，选取质量好的剪口芽短截，生长季能长出直立的延长干，连续进行这样的修剪 3 年逐步提干到 3m 高的分枝点，树干直立，干性好。

刺槐、臭椿、泡桐等播种苗，如当年生长高度到 2m 以上，可以带干掘苗假植，翌年春带干移植，如生长量不到 2m 高应进行截干，留床一年养干，也可以翌年春移植后截干，通过移植重新培养树干。

7.2.4　用作砧木的播种苗的修剪

在苗高 50cm 时及时除去嫁接部位的萌芽，以利于嫁接并提高成活率。

7.2.5　当年嫁接苗的修剪

嫁接成活后要及时剪砧，对砧木上萌生的蘖芽及时疏除，以利于集中营养供应接穗。

7.3　苗圃移植小苗的修剪法

苗圃繁殖区的苗木一般密度较大，为了扩大苗木生长空间和使树木侧根发达，一般要经过适时的移植来实现。高度密植的强喜光性树种，如果移植过晚，会使苗木细弱、下部光秃，植株自己不能直立，容易弯曲；另一方面，对于榆树类等树干容易弯曲的树木如果移植过早，树干也不容易长直。如何处理这个矛盾呢？古人的经验不妨拿来借鉴。

7.3.1　利用植物种间关系养直树干法

北魏贾思勰《齐民要术》记载古人的方法：如槐树易弯曲，古人将槐树的种子与麻子均匀混合后播种，麻株胁迫槐干长直。其原理是麻为一年生速生高大的草本植物，春天播种到夏季就能长 2~3m 高，而且夏季就可以收割沤制成麻，这样的间作实际上形成了这样的环境：由于槐树生长速度不如麻快，春季和夏季槐树在麻荫下生长，槐为了生存不得不向高处生长(长直)，秋季麻收割后槐树的生长环境得以改善，尤其是光照充足，利于槐树生长发育充实。这种方法要比今天一些地方采取密植或平茬槐树的方法高明很多。因可节约 1 年时间，又不致因槐树密植虽也给早年的槐树苗提供了光的生态因子的竞争，但秋季光照没有及时改善，而使苗木生长细弱。

为使桑树长直，在土层深厚、地下水位低的高地中掘深 2.4～3.6m 的坑，坑中种桑树，这样桑树在坑内干很直，在坑外才分叉。这个方法的原理是利用坑内周围光照弱抑制桑树的侧向生长。

这些方法今天仍可借鉴。

7.3.2　科学移植修剪培育通直健壮的苗干法

移植修剪既可调节移植过程中苗木的水分平衡，也能调节苗干的生长方向和质量，所以移植修剪是培育健壮优质苗木的必要环节。移植修剪主要包括地上和地下两个方面。

7.3.2.1　地上部分修剪

芽的质量决定抽枝的质量，即壮芽抽壮枝。所以在移植时要检查苗木的顶梢，凡顶梢健壮、顶芽饱满的可以保留顶芽。如顶梢细弱、顶芽瘦小或梢头干枯的应从梢部有饱满芽处短截，并将剪口以下几个芽抹去。具体操作还要注意以下问题：

(1)对于只有单一主干、苗梢上部芽质差的苗木

如悬铃木、槐树等苗梢上部的芽质较差、苗梢弯曲，一般可自顶端向下在梢部的 1/3(20～30cm)处短截，选饱满芽作剪口芽，剪口芽要芽尖向上，饱满健壮，再抹去以下的 5～6 个芽(图 7-1)。

(2)对于主干容易弯曲，育苗阶段养干困难的树种

如对槐树、杜仲、栾树播种苗，由于树干容易弯曲，育苗阶段养干困难，不要过早移植，让它在苗圃密林中生长 3 年之后，当苗干养到一定高度后再移植。移植苗可以在 2.5～3m 处抹头。

榆树 3 年后移植，此时树干已经长有分枝，移植时，除了剪去苗干的 1/3 左右外，还要将剪口附近一段苗木上的分枝自基部疏除，并且通过回缩、短截、疏枝等措施，把原来苗干上的分枝总量剪掉 1/3～3/4，使保留下来的枝条保持主从关系，并且分布均匀(图 7-2)。

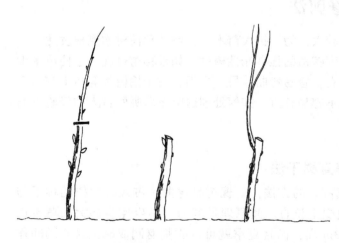

图 7-1　苗梢上部芽质量差的苗木修剪法

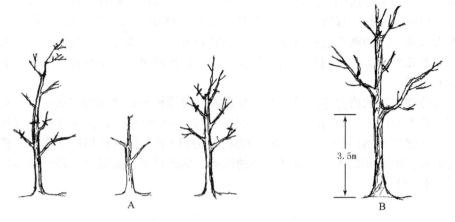

图 7-2　主干容易弯曲，养干困难树种整形修剪法
A. 修剪当年　B. 修剪第二年

(3)顶梢比较饱满顶端生长势很强的杨树类

掘苗移植时将分枝留 20cm 短截，如果移植苗长势弱可以在顶梢粗度 1cm 处短截。

7.3.2.2　地下部分的修剪

地下部分的修剪即根系的修剪，苗木移植过程中根系修剪主要包括 3 个内容。

➤ 对于过长的根系，要短截，防止窝根，促生新的细根。

➤ 对于受损的根系要进行修剪，利于伤口的愈合。

➤ 大苗出圃提前断根缩坨，利于成活。

7.4　保养苗的修剪法

苗圃中对庭荫树、行道树苗木修剪的主要目的就是尽早培养出有一定高度、粗度和通直度的树干，分布合理的骨干枝，保持枝条直径小于树干直径的1/2，要培养大规格行道树必须在移植区养护几年，这个时期的树苗叫保养苗。

7.4.1　促使树干长直的方法

7.4.1.1　修剪促使树干长直法

(1)根据树木分枝习性，修剪养干

树木的分枝习性是影响苗木主干长直、长高的首要因素。

① 合轴分枝树种养干法　合轴分枝的特点是主干和侧枝的顶芽瘦小或不充实，或分化成花芽，不能继续向上生长，由顶端附近的腋芽代替顶芽，发育成新枝，继续主干的生长，实际上主干是由每年形成的新侧枝相继接替而成。在较年幼的枝条上可

以看到接替处曲折的情况，而较老的茎上则不明显。如榆、刺槐、喜树、悬铃木、榉树、柳、樟树、杜仲、槐树、香椿、石楠、紫薇、核桃、桃、杏、梅、樱花、苹果、梨等大多数被子植物就是这种分枝方式。合轴分枝树种在放任生长的情况下，常常在顶梢上部有几个长势相近的侧枝同时生长，形成多杈的树干，不符合行道树和庭荫树对干高的要求。

合轴分枝树种的修剪主要采用春季芽膨大时将顶梢不够充实的梢头剪掉，剪口留壮芽而且芽尖要向上，同时将选留的壮芽以下的 4 ~ 5 个芽抹去，这样就能促使剪口芽萌发出旺盛的新梢(见图7-1)，如果被抹去的芽以下部位的芽仍然发出直立性旺枝应进行短截，削弱其长势，以保证顶梢的优势。如此反复修剪数年，即能培养出理想的高干(图7-3)。

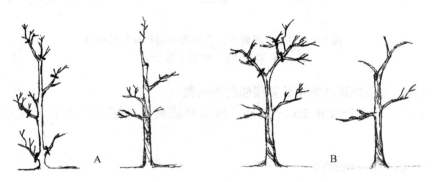

图7-3 刺槐树形改造方法

② 主轴(单轴)分枝树种养干法　主轴(单轴)分枝(又叫总状分枝)类树种，主茎的顶芽活动始终占优势，容易形成发达而通直的主干。如黑松、湿地松、马尾松、雪松、圆柏、龙柏、罗汉松、水杉、银杏、池杉等裸子植物就是这种分枝方式。此类树修剪的主要任务是注意防止每轮枝条过多和防止双干的形成，当发现竞争枝时及时控制(图7-4)。

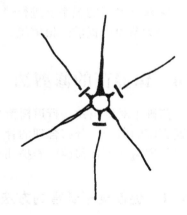

油松、黑松等松树每年生长一轮主枝，若每轮主枝数量过多，会削弱领导干的生长优势，特别是10 年生以后，顶端生长渐弱，故应适量疏剪轮生枝，每轮留 3 ~ 4 个主枝，让其分布均匀。为培育

图7-4 轮生枝修剪

行道树、庭荫树，在苗圃培育时，可在 5 年生以后，每年提高一轮分枝，直到分枝点达 2m 时为止，这样可以保持明显顶端优势，且伤口愈合及时。

白皮松、华山松等容易自基部萌发多个徒长枝，如不及时修剪易出现双干或多干，形成圆锥形树形。为了培养单干形，要注意及时疏除侧枝，如主干损坏，可以侧代主(图7-5)。圆锥形树成年干的修剪方式如图7-6 所示。

图 7-5　树头折断头后培养新头的方法

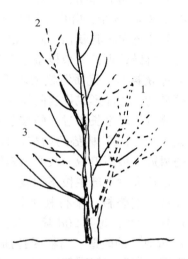

图 7-6　圆锥形树的主枝修剪

1. 去除共同控制干　2. 短截　3. 疏除

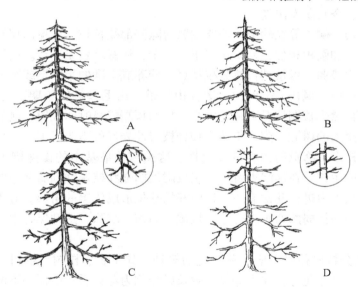

图 7-7　雪松的整形修剪

A. 修剪前　B. 修剪后　C、D. 下强上弱树势的调整

一般来说，雪松实生苗不修剪可以自然成形。但雪松扦插苗，很难自然形成优美树形。对于不正常雪松树形的修剪，方法如下（图 7-7）：

➤ 主干弯曲应扶正。有些苗木的主干头弯曲或软弱，影响植株正常生长。可用细竹竿绑扎主干嫩梢，绑扎工作每年进行一次。若主干上出现竞争枝，应选留一强枝为中心领导干，另一个于第二年短截。

➤ 大枝的选留。雪松主枝在主干上呈不规则轮生，数量很多。如果间隔距离过小，则会导致树冠郁闭、长势不均衡。修剪的目的就是使各主枝在主干上分层排列，每层有主枝4~6个，并向不同方向伸展，层间距离30~50cm。凡被选定为主枝者均保留，并注意保护其新梢。对于层内未选作主枝的粗壮枝条，应先短截，一段时间后枝条变形再做处理，其余枝条适当疏除。

➤ 平衡树势。优质雪松要求下部主枝长，向上渐次缩短，而同一层的枝条其长势必须平衡，才能形成优美的树形。所以在整形修剪时，要注意使各轮枝平衡生长。平衡树势时，对生长势过强的枝条可进行回缩，选留生长弱的平行枝或下垂枝替代。

➤ "下强上弱"树势的调整。有些雪松下部枝生长过旺，上部枝很弱，形成下强上弱的树冠，很不美观。其原因是幼苗时未能把顶梢扶正，使营养分散在下部大主枝上，以致长大后上部主枝不伸展，下部长势旺盛，影响观赏价值。解决办法：对下部的强壮枝、重叠枝、平行枝进行回缩修剪；对上部的枝条，用40~50mg/L赤霉素（GA）溶液喷洒，每隔20d喷一次，以促其生长。

➤ 偏冠树的改造。雪松因扦插时插穗选择不当或在生长过程中伸展空间受到制约等原因，常形成树冠偏向生长。这种树的改造方法是引枝补空，即将附近的大枝用绳子或铁丝牵引过来。也可以嫁接新枝，即在空隙大而无枝的地方，用腹接法嫁接一健壮的枝或芽，令其萌发出新枝。

柏类如圆柏、侧柏等在幼苗阶段要注意剪除基部徒长枝，避免出现双干或多干现象。杜松的特点和圆柏相似，要防止双干、多干，注意培养单干苗。刺柏下部枝条生长旺盛，顶端优势弱，可按其自然分枝特点，培养成丰满的半圆形或圆形树冠。

杨树类、栎树、枫杨、七叶树、薄壳山核桃、山毛榉类幼年期都是主轴（单轴）分枝，它们在自然生长期情况下维持中心主枝的顶端优势时间较短，侧枝生长相对较旺，因而形成庞大的树冠。到成年期主轴分枝习性表现就不明显了，如果不修剪，往往形成分叉的树形，降低行道树的安全性。这类树种最基本的修剪措施是控制竞争枝，促进主干的生长。在休眠季将中心主枝附近的强壮枝短截到弱芽或弱枝处，控制其长势，在生长季内进行几次摘心，选留好的芽位形成优美的树形。对主干中下部枝的处理，本着抑强扶弱的原则进行适当短截、回缩、疏除，达到保持中心主干顶端优势的目的。

③ 假二叉分枝树种养干法　芽对生的树种，如丁香、梓树、楸树、黄金树、泡桐、女贞、卫矛、桂花等，在顶芽停止生长或分化为花芽后，由顶芽下两个对生的腋芽同时生长形成叉状的分枝。

假二叉分枝树培养高大通直树干的基本原则是使顶梢转变成合轴分枝方式，使主干接着向上生长，形成高干。修剪方法是春季芽已膨大将抽梢时，从顶梢上部接近顶端部分选择一个芽尖向上、生长旺盛的芽，在其上斜着剪掉梢头，再抹去以下4~5对侧生芽，这样就能保证剪口芽发出的新梢向上生长，继续延续主干。对于主干特别弯曲分叉的可以采取平茬复壮法（图7-8）。

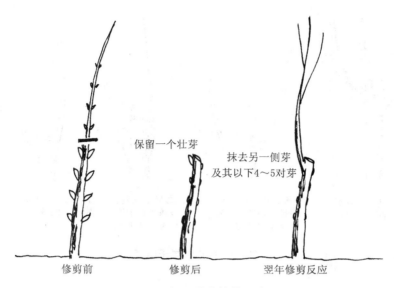

保留一个壮芽

抹去另一侧芽
及其以下4~5对芽

修剪前   修剪后   翌年修剪反应

图7-8   假二叉分枝养干法

④ 多歧分枝树种养干法   多歧分枝类的树种，在生长季末顶梢生长不充实，节间短；或在顶梢直接形成 3 个以上势力均等的顶芽。在下一个生长季，顶梢能抽出 3 个以上的新梢，同时生长，致使树干低矮，称为多歧分枝。如苦楝、臭椿、青桐、夹竹桃就是这种分枝方式。

为培养高干，这类幼树整形宜采用抹芽法或采用短截主干法（同假二叉分枝），重新培养中心主干。对于中干顶端一年生枝已经形成丛生状的树形可以有 3 种方式来纠正：

第一种方法是早春开始生长前，从顶端截去这些丛生枝。然后，去掉最上面的芽，再用一条稍宽的防护带子松松地罩着被修剪枝条上的第二个芽，这样为新梢生长提供了一个通直的通道，使树木长直，树木发芽后需要绑扎，以便于选择一个适当的萌生枝作为领导干，将萌生的其他直立新梢去掉，这种方式对于丛生枝接近地面的幼树特别有效。

第二种方法是仅从丛生新梢中选一个作领导干，另一个打头到原来的 1/2 处，形成主枝。如图 7-8 所示。

第三种方法是将丛生枝全部疏除，短截到一个分枝处，并且通过立标桩拉直这个分枝，形成中央领导干，此法适用于 2 年生以下幼树。

图 7-9 是领导干的顶端形成丛生枝的修剪法。这些简单的技法对接近地面处有丛生干的幼树重建领导干是很有效的。方法一是利用扎带使新梢变直。方法二是利用原来的领导干作一个残桩，把新梢绑在这个桩上，让新梢长直。

另外，有些植物在同一植株上有两种不同的分枝方式，如玉兰、木莲，既有总状分枝，又有合轴分枝，有些树种在苗期为总状分枝，生长到一定程度后变为合轴分枝。

总之，不管哪种分枝方式，都要注意预防主干延长枝竞争枝的形成或控制主干延

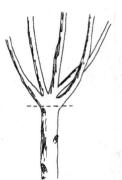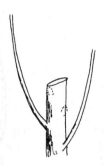

中心主枝簇生变形　　疏除变形的树干，　　选最旺盛的延长　　新的主干形成后疏除残端
或没有中心主枝　　　剪掉顶端的一些芽，　枝条绑在主干　　　短截后的枝条上又长新枝
　　　　　　　　　　又生出新的枝条　　　上,短截其他枝

图7-9　中央领导干培育

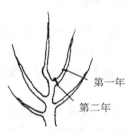

第三枝弱　　　　　第三枝强　　　　　原枝头弯曲，　　　将竞争枝或原头
一次处理　　　　　分两年处理　　　　第三枝弱，换头　　弯枝处理

图7-10　1年生竞争枝的修剪法

长枝头的竞争枝的形成，前述修剪中的抹芽是一种预防竞争枝形成的修剪措施，在生长季发现了竞争枝，最好在6月前对竞争枝进行短截，以达到抑制竞争枝，扶直主干顶梢的目的。如果由于上述修剪措施未到位，直到生长季结束才发现形成了1年生竞争枝，对一年生的竞争枝的处理方法有以下4种(图7-10)。

➤ 竞争枝的生长势与主干顶梢生长势相似或稍弱，第三枝的长势强，这种情况是对竞争枝进行重短截，以削弱其生长势，继续培养原来主干顶梢。

➤ 竞争枝的生长势与主干顶梢生长势相似或稍弱，但是第三枝长势弱，这种情况可以直接对竞争枝进行疏除，继续培养原来主干顶梢。

➤ 竞争枝直立而且长势比主干顶梢强，这种情况是将原来顶梢疏除，用竞争枝作枝头。

➤ 竞争枝长势虽然比主干顶梢强，但是方向倾斜不能长成端直的主干，这种情况是继续培养原来主干顶梢，冬季修剪时在竞争枝基部瘪芽处进行重短截，到下一年冬季修剪时再将竞争枝自基部剪除。

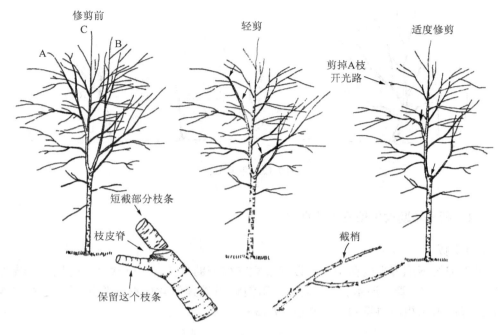

图7-11　控制中干的多年生竞争枝的修剪法

对于多年生竞争枝按图7-11修剪：

图7-11中的C枝是中干，A、B是中干的竞争枝，需要控制A枝、B枝，在幼树时将A枝短截或回缩、将B枝回缩，确保中干C枝生长最快。对年龄较大的树，将A枝、B枝回缩到角度更大的分枝处（见中图、右图箭头），确保未短截的C枝生长更快。

(2) 平茬养直树干法

对于萌芽力强的落叶阔叶树种，如槐树、杜仲、栾树等的播种苗，一年生长高度达不到定干要求，在第二年侧枝又大量萌生，且分枝角度较大，很难找到主干延长枝，故自然长成的主干常常是矮小而弯曲，移植后一年如果认为干形不合要求，长势不旺，或地上部分严重受损，可以在春季发芽前齐地面平茬，使其长出端直健壮的主干(图7-12)。

平茬是从树干基部将树干剪去。平茬法具体方法：于秋天或次年早春在距地面5~10cm(嫁接苗在嫁接部位以上)处把地上部分全部剪除(北方地区平茬时间最好在早春土壤解冻前进行)。切面背向太阳(北半球的切面要向北)，减少太阳辐射的影响；切口要光滑，以利于伤口愈合和产生萌蘖；平茬后可覆盖3~5cm的疏松土壤，防止伤口干燥。平茬结合施肥，每666.7m² 施有机肥2500~5000kg，春天苗木根株长出很多萌条，当萌条长15cm左右时进行定株，注意随时去除多余萌蘖条，选留其中一个最健壮的枝条作为主干。在风害较严重的地方可选留2个，到5月底木质化时去一留一，在生长季中要注意加强管理，保护主干的枝头，对其分枝进行摘心，以促使主干快长，这样到秋季苗高可达2.5~3.0m，即可得到通直高大的主干。

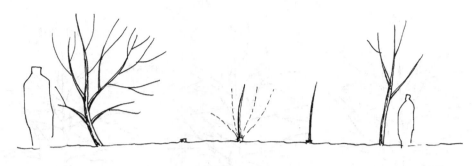

图 7-12　平茬图

7.4.1.2　利用辅助设施使树干长直法

(1) 支撑

对于细弱不能直立的苗干，可以通过立支撑辅助其长直。做法是：先把一个支撑物(如竹竿、PVC 管、原木)插入土中，用塑料绳或其他软体材料将树干固定在支撑物上，待苗干长粗后再解除支撑物(图 7-13)。

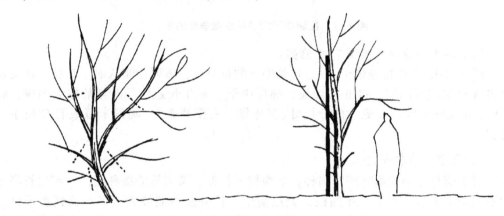

图 7-13　应用支撑物辅助树木长直法

应用支撑物辅助树木直立的做法也是有缺点的。一是去除支撑物时容易伤根；二是容易伤干：由于被风吹，靠近支撑物一边的树干可能受到伤害。把支撑物的末端磨成斜面，可以减少树干受伤。当树干能直立时，就将支撑物去掉。一定牢记，在应用支撑物支撑时，树干下部也要留大量的临时枝，以免因临时枝疏除过早或种植过密，导致苗木过细。

树干下部保留枝条有利于树干的增粗生长，使树干保持直立，如果下部枝条去除太早，则树干细弱(图 7-14)。

(2) 上夹板

当树干或中央领导干的中部或上部弯曲时可以通过上夹板使其变直，如图 7-15A 幼树树干中上部弯曲，可以用修剪结合打夹板的方法使树干长直。

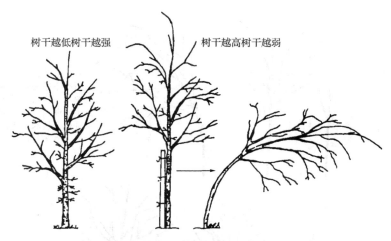

树干越低树干越强　　　树干越高树干越弱

图7-14　树干下部有无辅养枝对干生长影响的对比

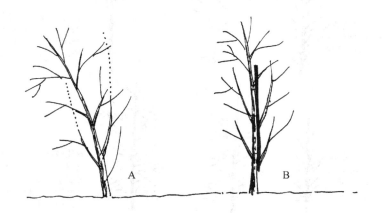

A　　　B

图7-15　上夹板养直树干法

7.4.2　合理利用下部临时枝，使树干快速增粗法

苗木高度与粗度之比叫高粗比。高粗比过大，树干容易被风吹折，如高粗比超过50就易受风折。树干增粗的能量来自于树干下部临时枝的光合作用制造的有机物，如果下部临时枝去除过早就影响树干增粗；但是下部枝放任不管，又影响树木；高生长。如何处理这个关系呢？这里就引用冠高比的概念。巧用冠高比调整高粗比。为促进幼年苗木旺盛生长，冠高比保留大些。冠高比的概念一般用于观赏树形、庭荫树或用材树种的整形修剪中，而对藤木和花果类一般不用这一概念（图7-16）。

合理的高粗比是通过适当的冠高比来实现的。冠高比是指苗冠长度与苗木高度之比。确定冠高比的目的一方面是要保留适当的苗冠，及时调整有效叶片的数量，从而维持高粗生长的比例关系，培养良好的冠形和干形，保证苗木的旺盛生长；另一方面又要在苗木的生长过程中逐步淘汰苗冠基部的分枝，以保证主干高度的不断升高，及早达到所要求的定干高度，尽早出圃。合理的冠高比值因树种特性、苗木年龄、苗木

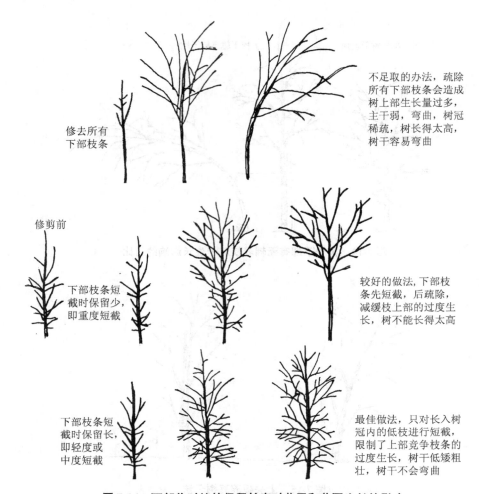

修去所有
下部枝条

不足取的办法, 疏除
所有下部枝条会造成
树上部生长量过多,
主干弱, 弯曲, 树冠
稀疏, 树长得太高,
树干容易弯曲

修剪前

下部枝条短
截时保留少,
即重度短截

较好的做法, 下部枝
条先短截, 后疏除,
减缓枝上部的过度生
长, 树不能长得太高

下部枝条短
截时保留长,
即轻度或
中度短截

最佳做法, 只对长入树
冠内的低枝进行短截,
限制了上部竞争枝条的
过度生长, 树干低矮粗
壮, 树干不会弯曲

图 7-16 下部临时枝的保留长度对苗干和苗冠生长的影响

用途的不同而不同。

一般庭荫树种、行道树常绿树种冠高比应大些; 喜光树种、落叶阔叶树种和速生树种的冠高比应小些。喜光的速生落叶阔叶树种, 如杨树、泡桐、白榆、悬铃木、刺槐、香椿、苦楝等, 一般是苗木高 3~4m 时, 应保留冠高比 3:4; 苗高 5~6m 时冠高比保留 2:3; 苗高 8~9m 以上时应保留冠高比 1:2 左右。超过 10m 时可维持在 1:3 左右。在主干高度达到 2m 左右以后, 每隔 2~3 年可以修剪掉苗冠基部一根大枝及适量的小侧枝。随着苗木高度逐年增加, 逐步修去苗干基部着生的枝条, 使主干不断增高以达到定干高度。当主干达到定干高度以后, 就可以不再修剪主干下部的枝条了, 而是尽可能地扩大苗冠, 扩大营养面积。

孤植的雪松, 列植的龙柏或罗汉松, 以欣赏塔形或圆锥形树冠为主, 要维持 1:1 的冠高比不变。绿篱的冠高比要接近 1:1。

幼年期树干上旺长的临时枝, 一般保留 30~90cm 短截, 对长势弱的甩放, 对那些粗度大于树干直径 1/2 的临时枝或枝条粗度大于 1.3cm 的临时枝要疏除, 直立的临时枝要疏除或短截。

当树干直径到 5～8cm 粗时，要逐步疏除临时枝。当树干长到 8～10cm 粗时，大多数树木干上的临时枝就不再需要。而对于树皮薄的树，如椴属、槭属、七叶树属的树木，干上临时枝保留的时间更长些，以预防日灼和机械损伤。

下部临时枝的短截和疏除处理是控制永久苗冠生长的有效措施。临时枝条保留的长度短，促使永久苗冠生长，临时枝条保留的长度长，减慢永久苗冠的生长。应用临时枝调控永久树冠的形成进程。

7.4.3　行道树中央领导干的培养与修剪法

中央领导干的培养可以分为 3 个步骤：①选一个中干；②找出中干的竞争枝；③确定竞争枝短截或回缩到什么位置。

通常选位于树冠中央、分枝角度小、长势旺盛的枝作为中央领导干来培养，而中央领导干附近、分枝角度较小、与中干竞争养分和光线的旺长枝，即为竞争枝。1 年生竞争枝的处理参见主干培养时竞争枝的处理技法（见图 7-10），这里不再赘述。对于不同树木培养树干的方法如图 7-17 所示。

有时因为修剪周期较长，导致竞争枝生长过大，形成多年生的竞争枝，就要通过对过长枝回缩、过密枝的疏除和开张角度等方法，逐步控制竞争枝的生长。

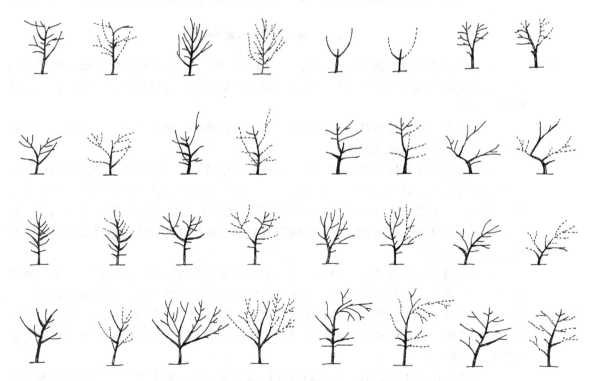

图 7-17　利用回缩、疏除、短截修剪培养中央领导干
注：虚线表示枝条即为应剪去的枝条。

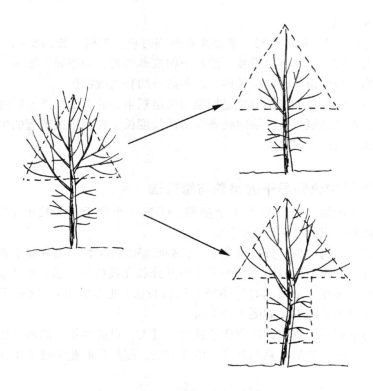

图 7-18　培养中干的从属性修剪法

对于顶芽质量较好的高大落叶乔木，如杨树类、白蜡和香椿等移植 1 年后冬剪时，主要是疏除或短截分枝点以下的枝，保持从属关系，促进树干的增粗生长，逐步提高分枝点。

对那些第一年移植后长势弱的树种，如毛白杨雌株，可在延长干上饱满芽处进行短截，并将竞争枝短截或疏除。

在树木进行从属性修剪之前，中干周围的竞争枝遮挡着中干的上部（图 7-18 左），在从属修剪之后，站在与树高等远的地方，从各个角度都能清晰地看到中干的上部是合适的（图 7-18 右下）。竞争枝修剪过重常常导致中干高生长过快（图 7-18 右上），此时，修剪者又把中干按比例回缩到与树冠其他部分相协调的程度，造成修剪过重，减慢了树木的生长。

从属修剪有两种方式：一种方式是在圆柱体的上部画圆锥体或卵圆形，圆锥体的底部就是培养的永久树冠的底部，圆锥体的尖端就是中干的顶点。圆柱体就是树干下部的临时枝条，将生长到圆锥体外的枝条短截。另一种方式是应用回缩修剪，把树体控制在轮廓内，修剪后树形自然，这种方式要好一些。下部的临时枝在苗木出圃前要疏除（也叫清干）。

有时由于苗木密度过大、下部临时枝短截过多、冠幅减少太多、施氮肥过多等原因，都可能会导致中干延伸过长，生长过高，与树冠其他部分不协调，或者严重弯曲，此时中干也要短截。在短截后对新萌发的竞争枝要进行摘心，这样就可纠正中干伸展过快的症状。

7.4.4　苗圃中庭荫树和行道树(乔木)养冠修剪法

优质庭荫树和行道树的要求是中干上的主枝间隔 15～30cm，并且分布均匀。主枝的粗度应小于树干直径的 1/3～1/2。细小的枝条从较粗的两个枝条之间长出，在苗木出圃时形成浓密的永久的苗冠。

7.4.4.1　永久树冠的最低枝选择法

速生树在苗圃移植区种植 2～3 年就可以辨别出未来永久树冠中的最低枝，尽早确定这个第一主枝是很重要的。最低的永久主枝位于幼年苗冠的最下面，通常是最长的枝条，不进行短截。它与下面临时枝不一样，临时枝角度开张，要将最低的永久枝以下的枝条疏除掉几个，留出 20cm 长的空间不长枝条(图 7-19)。以便将来苗圃工作人员很容易找到最低的永久枝。对这个无枝条区域以下的枝条进行短截，冬季第一个永久性枝条就很明显了。有些树种或品种在第一年或第二年年底时，临时枝比永久苗冠中的枝条更长。

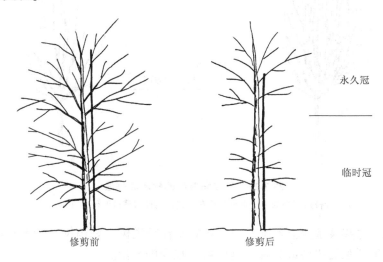

修剪前　　　　　　　　修剪后

永久冠

临时冠

图 7-19　苗圃中永久苗冠的第一枝的鉴别与修剪方法

树干的高度决定于树木的体量、树形和市场需求等。永久苗冠的最低枝的位置要求：5～8cm 粗的树木要 140～150cm 高的树干，更粗的树木要 180～220cm 高的树干。

7.4.4.2　使主枝在中干上均匀分布的方法

庭荫树树干上的主枝应当均匀分布。如果主枝留得太近，会形成"卡脖子"现象，领导干强度不够，不能直立。对于那些枝条拥挤、中干生长缓慢的树木，从树干上疏除一些枝条，可刺激中干的生长，使留下的枝条和中干生长更快。大枝之间的较细小的枝可以留下来。落羽杉、松树以及其他的尖塔形树枝条很容易均匀分布。

使主枝分开的最好方法是将主枝附近的枝条短截。主枝间隔至少15~30cm，并使枝的粗度小于枝干结合处树干直径的1/3，这样将形成牢固的树体结构和高质量的苗木。

7.4.4.3 适量疏枝

培养均衡苗冠整形修剪的主要任务是适量疏枝。疏去苗干和中干上长出的直立性的旺长枝和对生枝、轮生枝、过密的交叉枝，以免破坏正常的冠形和树形。此外还要疏去病虫枝和苗冠内的细弱枝。如果两个旺盛的竞争枝生长方向相反，回缩一个枝成为临时枝，另一个形成主枝。

分枝角度小的树木养冠法：分枝角度小的树木，如新疆杨、箭秆杨等枝条紧凑地生长在一起，在分叉处容易形成内含皮。这些树如果培养为行道树、庭荫树，可以在幼苗时就进行短截，剪口芽留外芽或留外枝，扩大分枝角度，减少竞争枝，保持侧枝细小，改善树体结构的强度，但是这个工作量较大(图7-20)。

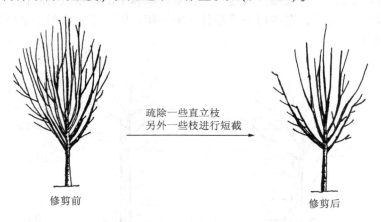

疏除一些直立枝
另外一些枝进行短截

修剪前   修剪后

图7-20 分枝角度小的树木养冠法
注：分枝角度小的树疏除过密枝对一些枝短截时截口留外芽开张角度。

实际上，这些枝条直立性强的树，最好不作行道树、庭荫树，行道树和庭荫树可以选那些枝条开张的树种或品种，这样可以减少修剪量。

对于那些中干直立、已经形成了很好结构的枝条，几乎不需要修剪，因为它们没有竞争枝。

为了改善幼树的结构，对有内含皮的直立大枝进行短截或疏除一些其上生长的小枝，抑制其生长，确保树体安全(图7-21)。通过摘心或短截来防止主枝的粗度超过树干直径的1/2。要疏除过密枝。如果在幼年时期就定期地采取这种修剪方式，而且每次的修剪量很小，对树冠密度和形状的影响几乎看不出来。

图7-21上图所示丛生枝生长迅速，通常形成内含皮，结构不牢固。下图所示修剪前枝条拥挤，结构弱，需要疏除虚线表示的枝条或剪短一些枝条，使保留的枝条在树干上分布均匀。保留的枝条至少间隔15cm以上，最好是30cm。注意如果短截枝条过多将会导致树冠过于浓密，因此短截要适量。

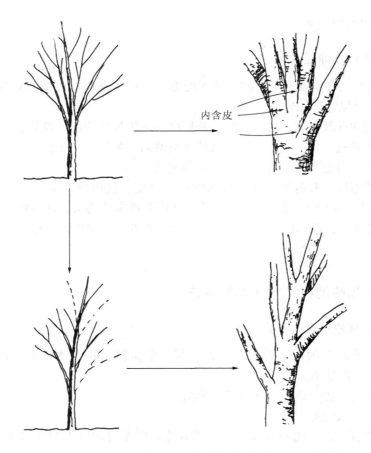

内含皮

图7-21　对有内含皮的直立树修剪法

　　并不是所有分枝角度小的树木都容易形成内含皮，如水青冈、桦木等就不容易形成内含皮。树木分枝角度小的细枝仍是安全的，所以要防止分枝角度小的枝条长粗很重要。

7.4.4.4　抑强扶弱，平衡苗冠

　　发育不均衡的苗冠可以通过修剪来调节。

　　(1)对树冠强的一边大主枝上的分枝采取控制的方法

　　➤冬季修剪时适当疏除生长旺盛的枝条和直立性枝条。

　　➤加大侧枝的开张角度：利用背后枝换头，短截时剪口芽留弱芽或弱枝，以削弱其长势。

　　(2)对树冠生长弱的一边的主枝采取促进

　　➤应减小分枝的角度。

　　➤用直立性枝换头，并采取中度短截，剪口留壮芽，以促进其生长。

7.4.4.5　控制枝条长势，维持主从关系

　　如果主枝基部直径超过所着生位置苗干直径的1/3时，应对主枝重剪(包括疏枝、

重短截等）以抑制其长势。

7.4.4.6 调整枝条伸展方向

一般芽着生的方向就是未来枝条伸展的方向。所以修剪时要注意剪口芽的位置、方向和质量，可以起到控制新梢的作用。

➤ 加大枝的开展角度：可以留枝条外侧向斜下生长的芽作剪口芽。

➤ 要使枝条直立向上生长：可以留枝条里侧向上生长的芽作剪口芽。

➤ 要使枝条向左生长：剪口芽就选留向左的。

➤ 里芽外蹬法：有时为了加大枝条的开张角度，仅用留外芽达不到目的，可以采取里芽外蹬法，即冬剪时选定剪口下第二芽作为将来枝的头，剪口留里芽，第二年抽梢后第一枝直立，第二枝分枝角度加大，斜向外方，冬季把第一枝去掉，留下第二枝作延长枝头。

7.4.5 统一规格的行道树大苗培养法

7.4.5.1 培养规格一致苗木的前提

➤ 将同一个品种的苗木种植在一起：同一个品种、同一种树形种在一块地里，能提高工人的工作效率。

➤ 苗木移植时要分级，把同级苗木种植在一起。

➤ 土、肥、水管理一致。

➤ 制订修剪计划，统一修剪：所谓修剪计划就是写出什么时间该干什么。修剪计划应当包括如下内容：

① 详细写出每年要做什么；

② 每年修剪临时骨干枝和临时枝的数量；

③ 中干的竞争枝要控制的时间；

④ 临时枝在生长到多长时短截，短截的枝留多长；

⑤ 直立的临时枝应当多长时短截；

⑥ 所有临时枝应当什么时候疏除；

⑦ 在干上支撑物留多长、多粗，是否需要夹板；

⑧ 永久冠形状：椭圆形、圆锥形、卵形还是其他形状；

⑨ 树最低枝离地面多高；

⑩ 主枝间隔多远。

如果计划培养成胸径 5~8cm 以上规格的苗木，那么在移植后的 3 年内就要确定最低枝。否则会延长苗木出圃时间。

培养大规格的苗木要制订根系修剪计划，虽然根系修剪后树木生长要变慢，但是根系修剪后的苗木，种植成活率会提高，夏季以及其他非常规栽植季节栽植的成活率也高。

7.4.5.2　培养统一规格行道树大苗的修剪管理技巧

(1)统一摘心和短截培养主干

移植时在苗木分级的基础上,同级别的苗木在统一高度短截或生长季摘心,措施一致(图7-22)。

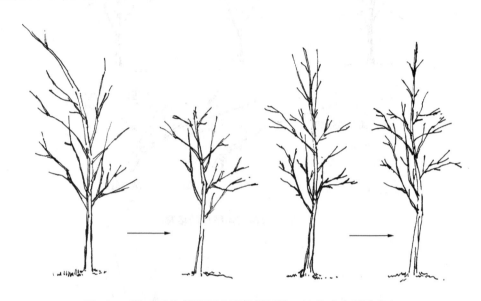

图7-22　摘心或短截抑制中干伸展过快,培养成高质量苗木

(2)树冠内枝条的修剪法

① 第一分枝以下临时枝的修剪法　当树高长到4.5～5.4m时,在离地3.6m处挑选最下部的1～2个永久枝,在永久枝以下一定要留较细的枝条,通过短截修剪使下部的枝条成圆柱形,直到树木体量足够大,不再需要这些枝条为止。尤其是树皮薄的树木,如椴属、枫属的一些种的树干直接暴晒在太阳下易受日灼,树冠下部保留一些枝条可以使其免受伤害,因此保留树冠下部临时枝显得尤其重要。

② 大主枝的修剪　大枝离得过近,特别是下部枝条长得特粗的时候,可能会减弱中干的生长势。大树的大主枝之间最好能间隔30～45cm。有些树种和品种枝条间隔宜再大些。通过短截和疏枝使枝条直径小于主干直径的1/3,防止在枝条结合处形成内含皮,也有利于中干的发育。使主枝均匀分布,可以防止主枝基部光秃,防止主枝过度延伸和下垂。把主枝之间的临时枝短截。

当树冠下半部的枝长到了树冠上部1/2处时,要对下部枝条进行短截或回缩(剪口留下枝)修剪(图7-23)。这样有利于保持中干优势,也利于中干上部的枝条生长。否则,由于下部枝条的直立生长,对上部枝形成侧方遮阴,导致上部枝条直立性生长,形成很差的树体结构。

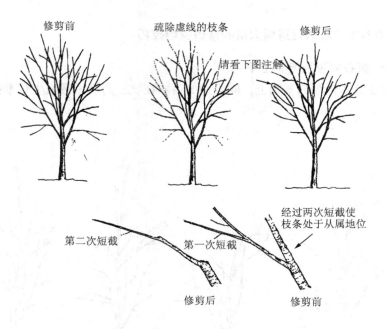

修剪前　　　　　疏除虚线的枝条　　　　修剪后

请看下图注解

经过两次短截使枝条处于从属地位

第二次短截　　　第一次短截

修剪后　　　　　修剪前

图 7-23　大苗树体结构的培育

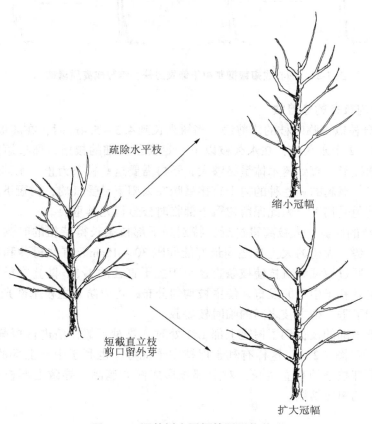

疏除水平枝

缩小冠幅

短截直立枝剪口留外芽

扩大冠幅

图 7-24　调整树木冠幅的冠形修剪法

（3）调整冠幅和冠形

通过短截直立枝，留水平枝，可以增加冠幅。疏除水平枝保留直立枝会缩小树冠（图7-24）。注意：由于直立枝的长势旺，一定要通过短截或疏枝等修剪措施减慢这些直立大主枝的生长速度，确保主枝的长势不要超过中干，防止形成内含皮。

（4）苗木出圃前修剪

在苗木出圃前的几周内，树冠整形修剪的主要任务是疏除下部一些临时枝或短截一些非骨干枝，以便于捆绑打包。

思 考 题

1. 区分庭荫树和行道树优劣的标准是什么？
2. 举例说明苗圃中常绿树应如何养冠养干。
3. 在培育行道树大苗时为何要留下部临时枝？
4. 冠高比的意义是什么？
5. 培养通直树干的最经济的方式是什么？
6. 合理密植与整形修剪有何关系？
7. 使行道树苗木长直的方法有哪几种？
8. 使树干增粗的方法有哪些？
9. 培养树冠的方法有哪些？

第8章
园林苗圃中花木类苗木的培育与整形修剪

[**本章提要**]讲述苗圃中作园景树的观赏小乔木和花灌木的培养目标及整形修剪技法。

本章主要讲述园景乔木、花灌木、绿篱、攀缘类苗木培育过程中的整形修剪。

8.1 园景乔木、灌木、藤木苗木的培养目标

苗圃中苗木整形修剪的方式因树种和培育目的而异。一般以自然树形为主，因树造型，轻量修剪，分枝均匀，冠幅丰满，干冠比例适宜。

园景树又叫孤植树，是指有较高观赏价值，在园林绿地中能独自形成美好景观的树木(主要是乔木、灌木)，园景树通常作为庭园和园林局部的中心景物，主要观赏其树形或姿态，也有观赏其花、果、叶色的。

园景乔木是指乔木中用于作园景树的一类树木，这类树木对树干通直度要求不严格。园景树树苗的主干不宜太高，既可单干型，也可以培养成多干型或曲干型等。

灌木按园林应用形式可以分为观花、观果、观叶、观干、观姿、绿篱灌木。

花灌木类苗木出圃主要质量标准以主枝数、蓬径(蓬径指灌木灌丛垂直投影面的直径)、苗龄、灌木高度或主枝长、基径、移植次数为规定指标。园林绿化要求大规格苗木，如：中华人民共和国行业标准《城市绿化和园林绿地用植物材料》(CJ/T34—1991)以及北京市(地方标准)《城市园林绿化用植物材料木本苗》(DB11/T211—2003)对苗木都做了明确规定。

落叶大乔木出圃的规格指标一般以胸径计，级差1cm；小乔木以基径(地径)计，级差0.5cm；常绿大乔木以高度计，级差50cm；绿篱苗以高度计，级差20~30cm；单干灌木以基径(地径)计，级差0.5cm；多干灌木以基径、分枝和粗度记，分枝点高于30cm的可以要求地径粗度；丛生灌木按主枝数和丛高；小灌木按几年生为指标。

8.1.1 园景乔木培育要求

"孤松宜奇，林植宜齐"，意思是说孤植的松树姿态应该奇特，作树林的松树应该整齐一致，说明园林中不同用途对树形的要求不同。因此在苗圃中要根据苗木情况

因势利导的加以培养，不要一见到曲干或斜干的苗木就加以矫正，这样可以充分利用苗木本身的自然条件，培养出姿态优美、有特色的园景树苗木，大大提高苗圃的经济效益。

同一树种，用作园景树、庭荫树、行道树时对其分枝点高度、树干、树冠和树体结构的要求对比见表8-1，从表8-1可以看出苗圃中园景树苗木修剪的主要任务是根据树木习性培养适合其生长发育的树体骨架。

表8-1　园景树、庭荫树、行道树分枝点高度、树干、树冠和树体结构的要求对比

	园景树	庭荫树	行道树
枝下高	低	稍高	高
树干通直度	不要求	要求严	要求严格
树　冠	可以奇特	规整	规整
树体结构的安全性	不严格	严格	严格

8.1.2　花灌木主要质量技术标准

(1)丛生型灌木主要质量要求

丛生型苗木是指自然生长条件下，树形呈丛生状的苗木。丛生型灌木主要质量要求：灌丛丰满，主侧枝分布均匀，主枝数不少于5枝，应有3个以上的主枝高度达到规定的标准要求，平均高度达到1.0m以上。

(2)匍匐型苗木

匍匐型苗木是指自然生长的树形呈匍匐状的苗木。匍匐型灌木主要质量要求：应有3个以上主枝，长度达到0.5m以上。

(3)单干型灌木

单干型灌木是指自然生长或经过人工整形后具1个主干的苗木。单干型灌木主要质量要求：具主干，分枝均匀，基径在2.0cm以上，枝下高1.2m以上。

(4)绿篱(植篱)用灌木类苗木主要质量要求

冠丛丰满，分枝均匀，枝干下部枝叶无光秃，苗龄2年生以上。

8.1.3　藤木类苗木主要质量标准

藤木类苗木以苗龄、分枝数、主蔓直径、主蔓长度和移植次数为规定指标。

藤木类苗木主要质量要求：分枝数不少于3个，主蔓直径应在0.3cm以上，主蔓长度应在1.0m以上。

8.1.4　竹类苗木主要质量标准

竹类苗木主要质量标准以苗龄、竹叶盘数、土坨大小和竹秆个数为规定指标。母竹为2~3年生苗龄。散生竹类苗木主要质量要求：大中型竹苗具有竹秆1~2个；小

型竹苗具有竹秆 5 个以上。丛生竹类苗木主要质量要求：每丛竹具有竹秆 5 个以上。

8.2　园景乔木大苗的培育与整形修剪

园景乔木按树木习性和自然树形可以整成单干、双干、三干、多干(自然生长或经过人工整形后具有 3 个以上主干的苗木)或曲干型。

其中有的可以按自然习性整成自然的有中干树形，有的可以稍加人工干预整成有中干形(即疏散形、分层形)和有主干无中干形(图 8-1)，即圆头形、自然开心形、杯状形、自然杯状形、梅桩形。

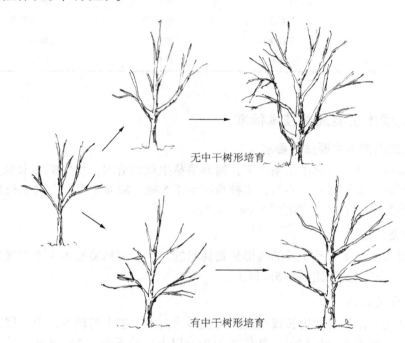

无中干树形培育

有中干树形培育

图 8-1　通过修剪小乔木也能培养成有中干式或无中干式

有中干形具有明显的中央领导干，其上分布较多主枝，形成较大树冠，适合于干性强、体量大的树木。

无中干形树木体量小、透光条件好，适合于干性弱的强喜光花木。

园林苗圃中整形修剪的主要任务是培养树形骨架，为园林中进一步造型打基础。

8.2.1　单干有中干型乔木整形修剪

主要根据育苗计划确定欲培养的树高、干高、中央领导干的选留与否、配备主枝等内容。

完全根据树木习性自然式整形，这里不做详细介绍。培养适当的主干高度：一般情况下，树干矮，冠内枝组多，寿命长，开花结果早，因此观花观果的树木树干高度不宜过高。在整形时矮干树的主干要粗，最下层主枝生长势要强，树冠较开展，横向生长。高干树则相反。

合理选配中央领导干：领导干的合理配置是决定树冠体量、树形、树体结构安全性和开花结果多少的关键。如果中央领导干明显比其他枝条粗壮，而且长势强，则树木体量大，树体结构安全，寿命长，反之则弱(图8-2)。

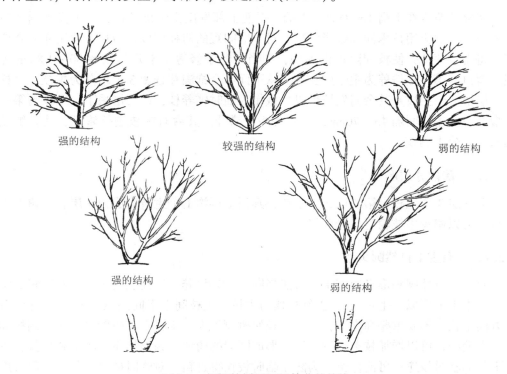

强的结构　　　较强的结构　　　弱的结构

强的结构　　　弱的结构

图8-2　相同的树冠不同的分枝结构

科学选配主枝：多歧分枝的树木，枝条容易形成轮生状；主轴分枝的圆锥形树木，主干上主枝多，这两种情况要根据造型要求每轮留3个左右向各个方向伸展的枝，注意逐步疏除多余枝。对于合轴分枝的芽互生的树木，在主枝配备时也要注意最下面的3个主枝不要离得太近，如果连续3个芽发出的枝培养成3个主枝，则会因为主枝邻接形成"卡脖子"现象，形成"下强上弱"的树势，影响树木寿命，同时树体结构也不牢固。观赏花木幼年在苗圃中选出主枝后，对主枝以外的枝作为临时性的辅养枝进行短截，可以促使树木快速生长和早开花。

8.2.1.1　圆锥形

有些果树，修剪形成圆锥形树形。冬季修剪时，苗木留一定的干高(70cm)剪去，剪口下的主干上要有6个饱满芽，在靠下的3个芽的上方刻伤，这6个芽萌发后成为生长平衡的新梢。春季最上一枝培养为中干的延长枝，让其直立生长，其余5个作为主枝培养，对其他萌发的枝要摘心。第二年冬季对主干延长枝留50～70cm短截，对主枝修剪时长枝宜留短，弱枝宜留长，上枝宜留短，下枝宜留长。第三年对主干延长枝保留70cm左右短截，选6个饱满芽，在下部3个上部刻伤，促使萌发6个枝，最上一个培养为延长枝头，下面 5 个培养为主枝，其余抹去，第二层最下面的主枝距第一层最上面的主枝距离是 35cm，连年进行同样修剪，就可培养成圆锥形树形。

8.2.1.2　分层形

选健壮苗木在干高 1m 处剪去先端，促使上部发出主干延长枝，其下发生斜生主枝 5 个，一切应用技术同圆锥形管理，对于节间短的树种可以自剪口下选定 9 ~ 10 个芽，将奇数芽抹去使枝间隔可以远些，到当年冬季修剪主干延长枝留 80 ~ 100cm 短截，剪口下第一芽培养为主干延长枝，从下面 5 个饱满芽选留 3 个培养为主枝，这样第二层留 2 个主枝，其余萌发枝可以短截作为临时辅养枝，第二层最下一主枝与第一层最上一个主枝间隔 45 ~ 70cm，主枝要相互错开。其后对主枝进行管理，使其继续延长，并分生侧枝。

8.2.1.3　疏散分层形

第一层 3 个主枝，第二层 2 个主枝，其顶上再添 1 个主枝而成为 3 层。本树形主枝少，可以避免主枝轮生，光照好。

8.2.1.4　有主干自然圆头形

有主干自然圆头形又叫有主干自然半圆形，先培养一定高度的苗干，然后短截主干，从主干上可以分生 4 ~ 5 个强健枝作为主枝，主枝间上下间隔 10 ~ 15cm，并向各个方向生长，不要重叠和交叉，主枝延长使树冠扩大。主枝上着生侧枝，对小侧枝和临时枝摘心，可以增加枝条密度，逐步形成圆球的树形。为增加主干粗度和长势，主干下部的临时枝应尽可能保留。为防止临时枝长得过粗，对临时枝要短截，保留长度约 30cm，当临时枝的粗度超过小拇指粗时，要立刻疏除。在苗木出售前，要疏除这些临时枝。图 8-3 中做法 A 是正确的方法。

8.2.2　无中干形苗木的培育与修剪

8.2.2.1　自然开心形整形修剪

以梅花培养 4 ~ 5 年生的自然开心形树形为例（图 8-4）。

（1）定干

梅花幼年期较短，整形从 1 年生苗开始，要在离地面 50 ~ 70cm 处将其上部枝梢全部剪去，弱苗略低，壮苗稍高，其剪口下若有二次枝应自基部疏除，以集中营养刺激萌发健壮新枝，这就是定干，剪口以下的 20 ~ 25cm 这一段叫整形带。

（2）定植第一年的夏季修剪

定干当年芽萌发后，整形带内的芽如果太密，可抹去一些，留各个方向的新梢 6 ~ 8 个，当新梢长到 50cm 左右时，选与主干的夹角适宜，水平分布均匀，上下有一定间距的健壮枝 3 ~ 4 个，作为主枝培养，让其自然斜向外出，缓放不剪，其余分枝保

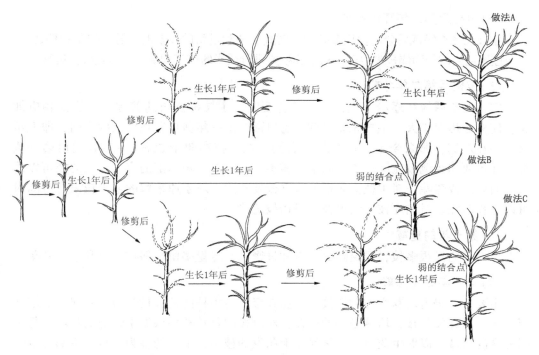

图8-3　有主干自然圆头形

留30cm摘心作辅养枝，辅助主枝生长。整形带以下如有新梢要摘心，如果是嫁接苗砧木上的萌蘖要去除。

（3）定植后第一年的冬季修剪

对选留的主枝以轻剪为主，以迅速扩大树冠形成基本骨架。一般剪去枝长的1/4～1/3（因品种不同而有差异），留**30～60**cm，如果主枝角度适当则剪口下留侧芽使其延长枝改变

图8-4　自然开心形效果图

角度，为了合理配备主枝上的侧枝，三大主枝的剪口芽方向要一致，即若在左侧都在左侧。如果角度过小，则可以剪口芽留下芽，若分枝角度过大则剪口芽留上芽。

对于辅养枝，疏除那些影响主枝生长的旺枝、交叉枝、重叠枝，其余的弱枝可以放任不剪，长枝再短截。

（4）定植后第二年夏季修剪

主枝在冬季短截后会萌发很多新梢，对直立的和过密的要及时抹除，选留长势适中、方向位置适当的作为侧枝来培养。对辅养枝要进行适当的抹芽和疏枝，防止枝梢过密。

（5）定植后第二年冬剪

定植两年后根系逐步强大，树木长势变旺，主枝延长枝的剪留长度也要相应加长，使树冠迅速扩大，主枝先端短截，剪口芽与上一年剪口芽在相反的方向，即上年剪口芽在左侧，那么今年剪口芽就在右侧。在主枝离树干 **30cm** 左右处选留第一侧枝，并且要同级侧枝在同一个方向上，避免交叉。对主枝基部的直立生长的枝可以采取弯曲处理或疏除，对主枝上先端的直立枝要疏除。对于原来留的辅养枝没有空间时可以逐步疏除。对枯死枝、病虫枝、过密枝疏除。

（6）第三年的夏剪

剪口下萌发很多枝，要疏除直立枝和过密枝，尽量多留平斜枝，以利于早开花。

（7）第三年冬季修剪

主要任务仍是培养主枝和侧枝。修剪宜轻。对主枝的延长枝头短截时保留长度适当加长，以促发壮枝，培养必要的侧枝，对侧枝的延长枝要根据生长势的强弱进行不同程度的短截，以促生花枝。通常侧枝上萌发的枝条，上部的多为长枝，下部为中短枝，并有花芽着生，对这些枝要疏除过密枝和背下枝，对中短枝甩放，长枝隔一枝短截一枝，以利于形成开花枝组，对扰乱树形的徒长枝、枯死枝一律疏除。

（8）第四年修剪

主要任务是继续培养骨干枝，调整骨干枝的长势，扩大树冠，形成良好的冠形。夏季继续抹去枝上过密的芽，以及主干上的萌蘖。

冬季修剪，以轻剪长放为主，以尽快扩大树冠。对主枝的延长枝头留侧芽进行轻剪，与前一年的方向相反，曲折发展。对侧枝延长枝适度短截，对其他部位的营养枝根据空间大小实行强枝轻剪、弱枝重剪的原则，过密的疏除。对于花枝，过密的疏除，中短花枝留 **2~3** 个饱满芽后短截，如果空间大，中短花枝可以不剪，对长花枝留 **6~8** 芽短截，以培养开花枝组（图 **8-5**）。

此时树体结构已经形成，可以直接进入园林中应用。

8.2.2.2　杯状形

矮干的杯状形是在树干 **50~70cm** 短截树干，高干的可以根据需要先培养适当高度的主干，在比干高长 **20cm**（整形带）处短截，春季选留主干上部的 **3** 个强壮而平等开展于三方的枝作主枝，主枝间水平夹角为 **120°**，与树干呈 **45°**，**3** 个主枝到冬季按生长程度留 **70~80cm** 短截，剪口下两个芽要位于左右两侧，春季形成 **2** 个侧枝，第三年冬季再对每个枝头留 **70~80cm** 短截，最先端两个芽仍位于左右两侧，每个侧枝留 **2** 个枝头。在生长季要注意调整枝的长势，保持平衡。自然杯状形是杯状形的改良树形（图 **8-6**）。

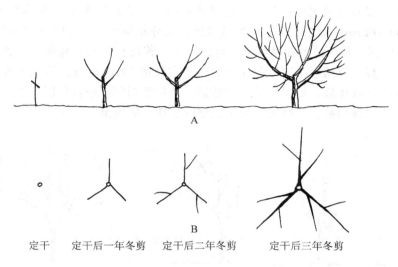

图 8-5　自然开心形整形过程平面(A)和立面(B)示意图

立面(B)下方标注：

定干　　定干后一年冬剪　　定干后二年冬剪　　　定干后三年冬剪

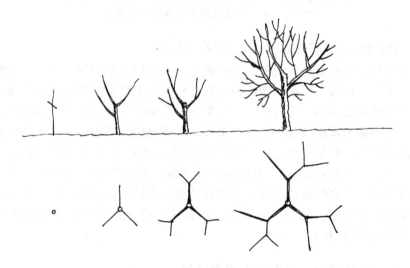

图 8-6　自然杯状形整形过程平面和立面示意图

8.3　灌木和藤木类大苗的培养与整形修剪

8.3.1　单干灌木的培养与整形修剪

8.3.1.1　单干型落叶灌木大苗的培育与整形修剪

(1)单干圆头型

紫叶李本是小乔木，为了观赏叶色园林中常整形修剪成小乔木或灌木状；黄栌为灌木或小乔木，观赏桃为小乔木，这些树都为喜光树种，因此紫叶李、黄栌、榆叶梅、观赏桃等多修剪成这种树形。小苗移植后第一年先培养主干，冬季修剪时定干，定干高度**40～60cm**；第二年春季萌发枝条后，从分布均匀、生长旺盛的枝条中选**3～5**枝作主枝培养，其余枝条如果有空间可以摘心，若没有空间就疏除，生长季注意平衡主枝的生长势，移植后第二年冬季修剪时各主枝留**30cm**短截，第二年春季萌生二次枝培养成单干圆头型。如果小苗长势旺盛，移植的当年夏季就可以产生二次枝，冬季修剪时将二次枝短截，这样两年就可以培养成单干圆头型（图**8-7**）。

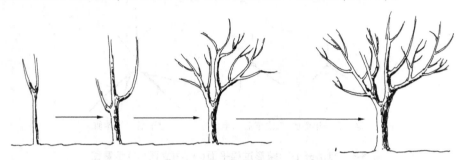

图8-7　单干圆头型树形培养与修剪方法

(2) 对生芽灌木的单干型培养法（以丁香为例）

丁香**1**年生苗定植后适度短截，同时剥去最上端对生芽中的一个，春季最上面的芽萌发成为主干延长枝，下面的萌生枝是辅养枝，冬季修剪时将辅养枝短截，主干的延长枝头在饱满芽处短截，并将剪口下的第一对芽剥去一个留一个，再抹去其下的**3**对芽，春季上部芽萌发继续延伸主干，下部萌生的枝仍作为辅养枝，当幼树的中心主枝达到一定高度时，根据需要在冬季修剪时短截，留**4～5**个壮枝作主枝培养，使其上下错落分布，上下间隔**25cm**，主枝的先端短截，剪口芽留一个侧芽，当主枝分枝角度小时留下芽。过密的侧枝疏除，当主枝达到一定长度后培养侧枝，对主枝以下的辅养枝早年摘心或短截，随着树干长高逐步疏除。单干形灌木出圃的树高不能低于**1.5**m，基径不能小于**3cm**。

8.3.1.2　单干型常绿灌木苗木培育与整形修剪

以高接大叶黄杨为例说明。首先选经过**2**次移植的与大叶黄杨同属的丝棉木小乔木作砧木，接穗用大叶黄杨，丝棉木规格为基径**3～4cm**以上，树高**2m**以上，主枝数**3**个以上，对每个主枝进行重截，春季利用枝接的方式采取高接换种，嫁接后注意及时除去砧木上的萌蘖，冬季适当防寒，早春对一年生枝修剪，主枝选饱满芽处短截，注意培养侧枝，当蓬径达到**3m**时就可以出圃了。

8.3.1.3　单干垂枝型苗木的培育

龙爪槐、垂枝榆、垂枝杨、垂枝桃、垂枝梅、垂枝樱等枝条下垂的品种，一般是采取嫁接繁殖，通常是根据培养要求选取一定高度和粗度的同种的直枝型品种作砧木嫁接。嫁接成活后首先建立**3～5**个主枝作骨架，平展开后向外扩展。原则是取外侧

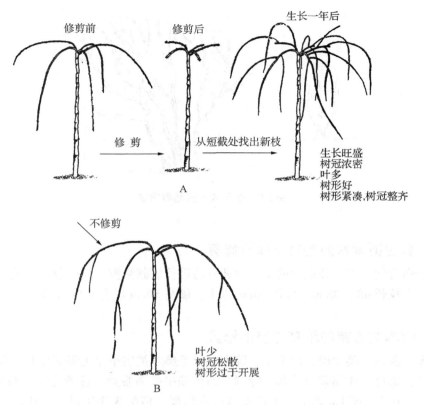

图8-8　枝条下垂的观赏树的培育

枝，在弯曲处取向上的饱满芽作剪口芽，同时兼顾空间布局。发芽后将向下的萌枝及时疏除，以促进上芽生长，第二年仍按此法修剪，逐年扩大树冠(图8-8)。

图8-8B所示枝条下垂型树的枝条能长到地上，成为灌木或地被。对1~2年生的主枝进行短截，可以产生更多的直立下垂的枝条。这使苗圃中或景观中的树形更美观(图8-8A)。

8.3.2　地表分枝多干型灌木的培育

猬实、紫薇、金银木、丁香、连翘、太平花、珍珠梅、贴梗海棠等多培养成多干式花灌木。移植后剪去苗干，使其自地表萌生3~5个骨干枝，多余的枝条疏除，到休眠季将枝条留30cm短截，第二年再分枝形成多干式灌木(图8-9)。

8.3.3　丛生型落叶灌木的培育与修剪

棣棠、黄刺玫、玫瑰、红瑞木、锦带花、珍珠梅等灌木通过分株、扦插等营养繁殖的苗木保留20cm高短截，春季自地表萌发很多枝条，从中选5~6枝进行培养，其余的自基部剪除，以后每年都可以自根部产生很多根蘖苗，不一定要每年修剪。

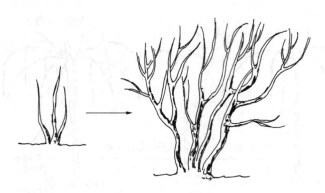

图8-9 多干式树形培养方法

8.3.4 蔓生型灌木的培育与整形修剪

以迎春为例，将扦插成活的 1 年生迎春苗进行短截修剪，促生分枝，当主枝数达到 5 个，主枝长 60～80cm，蓬径 50cm 以上，灌高 50cm 以上即可出圃。

8.3.5 藤木类大苗的培育与整形修剪

紫藤、凌霄、爬山虎、白玉棠、藤本月季等藤木类主干多为匍匐生长，既可以作地被植物，也可以作棚架栽培和攀缘绿化，苗圃中整形修剪的任务是养好根系和 3～5 个主蔓，主蔓长度 1m 以上，主蔓要有一定粗度，苗龄 3 年生以上。所以修剪的主要任务是重截或近地面处回缩。

8.3.6 绿篱类苗木的培育与修剪

绿篱苗的培育目的是扩大冠幅，养护阶段的株行距很重要，在苗圃要重截 2 次，促使多分枝，扩大冠幅。

思 考 题

1. 有中干形和无中干形各适合于哪些类型树木的整形？
2. 垂枝形修剪的要点是什么？
3. 绿篱苗木和园景树苗木选择标准有何异同？
4. 灌木乔化的措施是什么？
5. 有主干圆头形培养成强健的结构的步骤是什么？

第9章
园林树木栽植时的修剪

[**本章提要**]主要概述施工修剪的目标、原则；常规栽植修剪和反季节施工修剪法。

大树在改善城市环境中起着重要作用。为了尽快达到绿化效果，适应城市园林绿化发展的需要，园林绿化中应用的苗木规格有越来越大化的趋势，合理的修剪是确保大树栽植成活和良好景观效果的基础。园林树木修剪不当，一方面会导致景观效果差；另一方面造成栽植成活率低，影响工程的社会效益、环境效益和经济效益。所以绿化施工修剪很重要。

9.1 施工修剪的目标和原则

中华人民共和国《城市绿化工程施工及验收规范》(CJJ/T82—1999)和北京市《城市园林绿化工程施工及验收规范》规定：乔灌木的栽植成活率应达到95%以上，并对未成活植株适时进行补栽。珍贵树种、孤植树和行道树成活率应达到98%。可见成活率是绿化施工质量的重要指标。整形修剪是提高大树栽植成活率的重要技术措施之一。

9.1.1 施工修剪的目标

(1)通过修剪，调节根系水分代谢平衡，提高栽植树木成活率

苗圃里自然生长的树木，根系吸收的水分与树叶、树枝、树干等器官的蒸腾作用散失的水分及光合作用同化的水分是平衡的。而园林施工时，在起苗和运输过程中，不可避免的会伤害树木的根系，这样树木原先建立起来的根、冠代谢平衡被打破。换言之，树木栽植后根部吸收的水分与树冠蒸腾作用散失的水分不平衡，是造成树木死亡的主要原因之一。

一般来讲，适当修剪树冠，可以减少树体水分的散失，维持树木根冠水分代谢平衡，在提高成活率的同时，不影响景观效果。所以绿化施工修剪以提高成活率为首要目的，同时要兼顾园林景观效果。

现在有美国专家认为：对于树干直径小于7.5cm的树木，不修剪也可以栽植。他们认为树木栽植时修剪树冠，去掉了健康的枝条，根系的愈合和再生会减慢。理由是：芽是产生生长素的部位，芽产生的生长激素向根系发出信号，刺激根系生长。由于修剪时芽被去掉了，产生的根系可能减少。另外，修剪要去掉枝条，光合作用的器官减少了，而叶片光合作用形成的糖和其他光合副产品将被运输到生根的部位。因此，栽植时疏除枝条等于疏除了生根的物质基础，所以产生的根系也较少。但这个问题不能一概而论，究竟是否需要修剪树冠，要看栽植地区的气候条件、栽植季节、栽植苗木规格以及树种等因素综合考虑。

有些树种，修剪过重，不但不利于成活，反而降低成活率。原因是这些树种的萌芽力和成枝力都低，树木发芽需要生长素等生理活性物质，而生长素合成的部位主要在芽、茎尖等顶端分生组织，栽植时，大量的重截，使合成生长素的部位去掉了，同时营养物质损失也大，所以成活率低。因此要根据根冠代谢平衡的原理，以及树木萌芽力、成枝力的高低等特点，进行适当的修剪，来实现栽植修剪的目标。

（2）通过施工修剪，形成理想的树形，满足设计要求

有时苗木的树形或结构不能满足设计者的要求，要通过栽植时的适当修剪，才能达到设计者的要求。

例如，如果苗木的高度和结构不理想，那么在树木栽植时就要开始修剪了。如果栽植后的养护和管理是一个单位，栽植时可以轻剪，如果以后是由别的单位来养护，最好栽植时适当重剪，纠正结构的缺陷。

有时，为控制树木体量，保持环境中各园林要素间的比例关系，以及为特殊造型等原因都需要在栽植时修剪树木。

（3）减少病虫害

修剪时剪除带病枝条，从而减少病虫害的发生。

（4）防止树木倒伏

修剪可减轻树梢重量，防止倒伏。栽植时剪除缠绕根，可减少树木风倒的危险。

9.1.2　栽植修剪的一般原则

施工修剪必须保留树的总体骨架：①具明显主干的高大落叶乔木应保持原有树形，适当疏枝，对保留的主、侧枝应在健壮芽上方短截，可剪去枝条 1/5 ~ 1/3。②无明显主干、枝条茂密的落叶乔木，对干径 10cm 以下的树木，可疏枝保持原有树形，对干径 5 ~ 10cm 苗，可先留主干上的 2 个侧枝保持原有树形进行短截。③枝条茂密，具圆头形树冠的常绿乔木可适量疏枝，枝叶集生于干顶的可不修剪，具轮生枝的常绿乔木用作行道树时可剪除基部 2 ~ 3 层轮生侧枝。④常绿针叶树只剪下垂枝、病虫枝、枯死枝、瘦弱枝、过密轮生枝。⑤用作行道树乔木，定干高度不小于 3m，分枝点以下枝全部疏除，分枝点以上枝用疏剪或短截应保持冠形。⑥珍贵树种，尤其是伤口愈合能力弱的树种宜作少量疏剪，确保栽植成活。

树冠的修剪量因树种和栽植方式而不同：带土球栽植时，主要以土球大小为准则，以土球内根系情况决定修剪量；裸根栽植修剪量重，根系也要适当修剪，主要是剪除劈裂根、病虫根、过长根等；修剪的剪口要平滑，截面要小，采取自然目标修剪法(即疏除枝条时不要伤害枝领);短截枝条时,剪口芽一般留外芽,剪口距芽1cm以上,回缩留外枝,大于2cm的剪口要涂保护剂。

9.2　一般树木常规栽植修剪法

栽植修剪常用方法:

①疏枝　疏除树冠的一部分枝条,减少地上部分耗水量。主要用于丛生灌木和主轴明显、顶端优势强的乔木,如银杏;灌木疏枝剪口应与地面平齐。落叶乔木疏枝剪口应不伤枝领、针叶常绿树疏枝应留短桩。

②短截　分轻截(剪去1/3)、中截(剪去1/2),重截(剪去2/3)。截口应在叶芽上方0.3~0.5cm处,剪口应稍斜向背芽。

③摘叶　减少水分蒸发。

④修根　剪去冗长根、劈裂根,剪口要平滑(图9-1)。

图9-1　胸径5cm的银杏休眠季裸根起苗

园林树木栽植修剪的方式和修剪量因树木栽植方式、栽植时期、树种的分枝习性、干性强弱、根系类型、树龄、树木用途和苗木类型等而异。

9.2.1　栽植方式

9.2.1.1　裸根栽植修剪

裸根栽植主要适用于萌芽力强、根系恢复能力强、栽植成活率高的乡土树种。如北京地区在休眠季栽植槐树、栾树、柳树、元宝枫、白蜡、臭椿等乔木,要求根系保留长度为树木胸径的8~10倍。对于劈裂根和冗长根、缠绕根要短截,截面要平滑。

裸根栽植修剪可在起苗时将树放倒后进行,多采取重修剪,去除全冠的1/2~2/3,或保留几个分叉主枝,以保持根冠代谢平衡。有的树种如柳树、刺槐、槐树、臭椿、白蜡、栾树、楸树等因栽植季节太晚,为保成活率和重新培养树形,采取在同一分枝点高度截干抹头的修剪方法,这种修剪方式对树木生长不利,景观效果发挥慢。修剪的伤口要涂防腐剂。一定注意:银杏、杨树类等不能截干。银杏只能疏枝,一般不能短截(图9-2)。

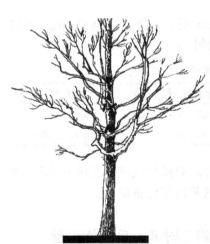

图9-2　银杏栽植修剪

也有的设计师要求树木轻剪树冠或全冠栽植，小树可以，对于大苗、大树是不能提倡的。例如，2004年春北京某立交桥区域保留全冠栽植胸径规格10cm以上的千头椿(臭椿)大苗几百株，到6月仍有大部分没发芽展叶。紧急采取抹头处理后，很快萌芽展叶，到9月树冠茂盛，且生长势高于全冠者。大树栽植原则是保成活和尽快恢复树势，不要急功近利。

山野大苗应注意提前断根缩坨，在掘苗、运输等中间环节加强对根系的保护。

9.2.1.2　带土球栽植修剪

带土球栽植适用于根系伤害后恢复困难、萌芽及发根能力弱的树木，以及大规格苗木的栽植。带土球栽植树木的土球规格为树木胸径的8~10倍，带土球打包栽植苗木的最大规格限于胸径15~20cm的大树(超过这个规格要用木箱栽植法)，修剪量比裸根苗小，也可根据根系损失情况采取轻度到中度修剪，以保持根冠水分代谢平衡。修剪时要保留骨干枝(图9-3、图9-4)。

图9-3　土球与树木胸径的关系　　　图9-4　带土球栽植大规格银杏苗木

9.2.1.3　木箱栽植法

胸径超过20cm的大树，土球直径超过1.5~1.8m时，按施工规范要求应采用木箱包装栽植，用此方法可栽植胸径达30~40cm的大树(表9-1)。

表9-1　树木胸径与木箱规格间的关系

树木胸径(cm)	木箱规格(m)	树木胸径(cm)	木箱规格(m)
15~18	1.5×1.5×0.6	25~27	2.0×2.0×0.7
19~24	1.8×1.8×0.7	28~30	2.0×2.0×0.8

古树是严禁移栽的，但是有些客观原因不得不移时要确保成活。古树由于向心更新的缘故，古树栽植的土球可以比成年树小，古树的栽植修剪量要小。

9.2.2　根据树木规格、种植方式和树木栽植施工时间，确定修剪量

➤ 小规格苗木休眠季带土球栽植可以不剪，裸根栽植时可以轻剪。

➢ 小规格苗木生长季带土球栽植可以适当轻剪。

➢ 大规格苗木休眠季栽植要适当修剪。

➢ 大规格苗木反季节施工带土球栽植要重剪。

9.2.3　根据树木干性强弱、分枝习性、萌芽力和成枝力进行修剪

9.2.3.1　干性强、萌芽力和成枝力高的阔叶树种

可以采取削枝保干的方法。对中干的延长枝可以采取在饱满芽处短截，但同时要注意控制竞争枝的长度，对于其主枝也可以采取饱满芽处短截，一般约剪去枝长的 1/3 ~ 1/2，侧枝通常截去 1/2 ~ 2/3，无用枝疏去。如悬铃木（图9-5）、白蜡（图9-6）等树种。

对于干性较强、萌芽力成枝力较强的阔叶树种，为了提高成活率和减少土球重量可以适当重截：重截不等于抹头，经常可以看到很多地方对悬铃木、槐树、元宝枫等采取了抹头处理（即将各级分枝都剪去了，只留一个主干），虽然树木栽植成活了，

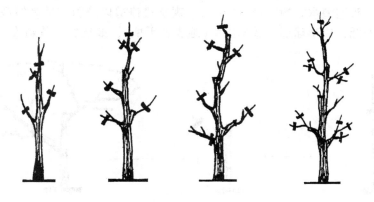

图 9-5　合轴分枝树种（悬铃木）

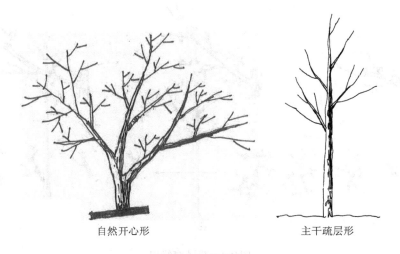

　　　　自然开心形　　　　　　　　　主干疏层形

图 9-6　白蜡修剪

但是景观效果的发挥要好多年，这不符合园林建设的要求。正确做法是，对于骨干枝，至少是一级和二级骨干枝（主枝和侧枝）要适当保留一段，这样，树木在栽植后树体结构很快就能恢复，既保证了成活率也保证了绿化景观效果。但是对于萌芽力和成枝力弱的树种，如玉兰绝不能重截。

9.2.3.2 干性强、顶芽伤后萌发力弱、成枝力弱的树种

疏枝为主、短截为辅。对于银杏这一类干性强，树木顶芽伤后很难恢复，成枝力弱的树种，主枝短截后促使休眠芽萌发，但是侧向生长，树形紊乱，在修剪时不许短截或打尖、为提高成活率，修剪以疏枝为主，可以适当疏除轮生枝、重叠枝、交叉枝、徒长枝、损伤枝及扰乱树形的枝，细弱的二次枝、三次枝也可按一定比例距离修剪，否则树势恢复很慢。在栽植时要留 3~5 层主枝，每一层留 3~4 个主枝，每层主枝之间的枝条可以适当回缩，保持枝条分布均匀，利于通风透光（见图 9-2）。

9.2.3.3 灌木类

①单干圆头型灌木如榆叶梅（图 9-7）、观赏桃修剪以疏剪与适度短截相结合，保持树冠内高外低，成半球形。②丛生型（地表多干型），如连翘、黄刺玫、紫荆（图 9-

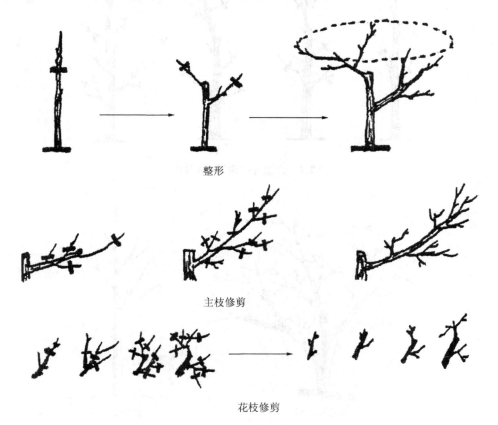

整形

主枝修剪

花枝修剪

图 9-7 榆叶梅修剪

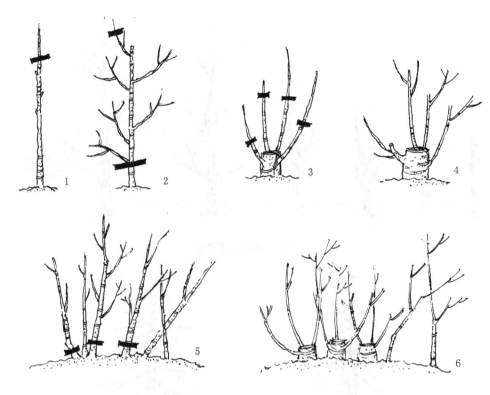

图 9-8　紫荆灌丛形修剪

8）多疏枝，疏老枝形成外密内稀，紫薇、木槿（图9-9）、月季以短截为主。丁香（图 9-10）、檵木是疏不截。丛生花木一般萌芽力较强，栽植修剪可以较重，根蘖发达的树种可以多疏枝，促发新枝。

9.2.3.4　常绿针叶树

　　松类以疏枝为主：剪去每轮中过多主枝，每轮留 3～4 主枝剪除上下两层中重叠枝、过密枝，剪除下垂枝。如油松、雪松、白皮松等由于萌芽力较差，在栽植时除了进行常规修剪外（常规修剪：即将枯死枝、病虫枝、伤残枝、无用枝和一切扰乱树形的枝条疏除），不再进行其他修剪。雪松（图9-11）、圆柏等常绿针叶乔木反季节施工也不要截头，因为这些树种的头一旦断了，很难培养，孤植的雪松下部的枝条也不能全部疏除，否则观赏价值就大大降低了，其修剪可每轮适当疏除一些轮生枝。每轮留 3～4 枝主枝。柏类大苗一般不修剪，发现双头或竞争枝时疏除。

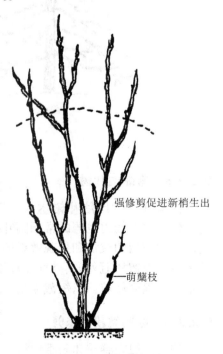

强修剪促进新梢生出

—萌蘖枝

图 9-9　木槿冬季修剪

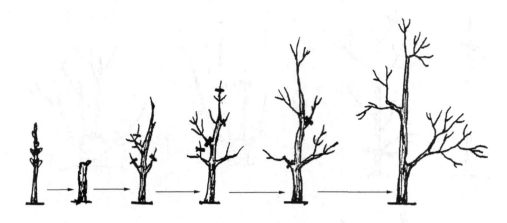

图 9-10 暴马丁香修剪

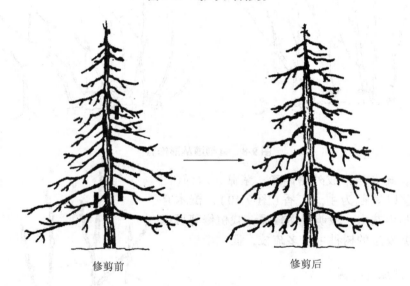

修剪前 修剪后

图 9-11 雪松修剪

9.2.3.5 常绿阔叶树

修剪量一般比落叶树木大。广玉兰等萌发力
弱、伤口愈合能力也弱的常绿阔叶树修剪，可以采取适当疏枝结合摘叶的方法，这样
确保树木栽植的成活和景观效果的发挥。对容易成活的常绿树如桂花、乐昌含笑以疏
枝为主，保留树冠外形、对内膛适当修剪。对移植困难的樟树、木荷、杨梅等树冠进
行中度或强度修剪，以短截为主。

9.2.3.6 棕榈类栽植修剪

棕榈一般在春季和雨季栽植。对于易栽植的大多数棕榈树可以在 4~9 月边起树
边栽植，为保大棕榈树成活要带较大的土球。栽后修剪除剪去开始下垂变黄的叶片

外，不要重剪。树冠的修剪量一般以保留 30% ~60% 的叶片数为宜，留叶过多，蒸发量大，不利于成活；留叶过少，景观差，植株恢复也慢，而且会发生着叶部分的茎干萎缩。为尽快达到绿化效果也可以不剪叶，采用栽后稻草裹树干或搭荫棚等措施，并且在早晨、中午、晚上要喷水。对于单干的难栽植的棕榈类如霸王棕、红棕榈、假槟榔，若在 10 月以后栽植较大的植株，要提前 3 ~6 个月断根。注意棕榈类修剪不能损伤顶芽。

9.2.4　不同根系类型树木的栽植修剪

树木根系分为深根性和浅根性，这两种类型决定了根系在土壤中分布的深度不同。

深根性树种如槐树、白蜡、栾树、银杏、油松、圆柏等的主根发达，侧根为辅，纵向分布深而横向分布小，带土球或木箱栽植对根系的伤害和损失相对轻些，容易保证成活。

浅根系树种如刺槐、火炬树、枣树、云杉等主根不明显向下发展，不占主导地位，而几条侧根横向发展，按胸径的 8 ~10 倍断根栽植树木时，有效吸收根在栽植中相对损失太大，成活率低。如北京某河流的两岸有几十棵胸径 30 ~40cm 的大刺槐，在进行河坡砌衬时给每棵大树留下大树堰，堰外根系切除，结果全部死亡。对于这种浅根系树种栽植时要经过几次（几年）断根，逐步回缩有效吸收根，然后再进行栽植才能保证成活。

为了提高大树栽植成活率，常常采取断根缩坨的方法（图9-12）。

9.2.5　苗木类型与修剪

山上野生树苗、苗圃的留床苗等在起苗前是未经移栽过的实生苗木，它们的根系主根发达，侧根少，有效吸收根距根颈远，对这些树木有两种做法：一是提前 3 年进行断根缩坨，既可以保持高成活率也可以保持好的景观效果。二是在栽植时重修剪树

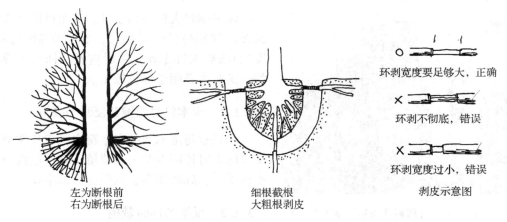

环剥宽度要足够大，正确

环剥不彻底，错误

环剥宽度过小，错误

剥皮示意图

左为断根前　　　　　细根截根　　　　　
右为断根后　　　　　大粗根剥皮

图9-12　断根缩坨后根系示意图

冠，确保种植的成活率，但是景观效果差一些。当然如果配合其他减少蒸腾的措施可以减少修剪量。

9.2.6 其他栽培技术措施与施工修剪

确保树木栽植成活的生物学原理就是维持根冠水分代谢平衡，生态学原理主要是适地适树。通过其他措施如树干注射（打点滴）、树冠遮荫、树冠喷抗蒸腾剂、根部施生根促进物质、树干缠绳及容器育苗等综合应用（详见下节内容），在确保树木根冠水分代谢平衡的情况下，可以减少修剪量，甚至实现全冠栽植。全冠栽植不等于修剪。全冠栽植是指在保持冠形不变的前提下，以疏枝为主，既保持冠形大小不变，又保持根冠代谢平衡。

9.3 反季节种植修剪实例

总体上讲，反季节种植应加大修剪量，并结合其他措施进行。以北京地区为例，北京地区的气候特点是冬季空气湿度太低、风大，雨量集中在 7~8 月。在北京栽植时间原则上应选树木休眠期即晚秋或早春进行，当然最佳时间应在春季树液开始活动、尚未发芽或刚要发芽时。常绿乔木如松柏类 7 月停止生长，正赶上雨季也可以栽植，称为雨季栽植。北京冬季虽然树木属于休眠期，但是由于低温干燥多风不利于大树栽植成活。北京秋冬季栽植圆柏成活率低于雨季，主要原因是由于北京秋冬风大，空气湿度小，降雨少，蒸发量大，易发生生理干旱；而雨季空气湿度大，树木停止生长，代谢弱，易于恢复树势，所以圆柏雨季栽植成活率高于秋冬，最好的时期还是开春树液萌动时。对于上述雨季和开春以外的栽植叫反季节栽植。反季节栽植及修剪方法和修剪量如下。

9.3.1 反季节栽植常用技术工艺

9.3.1.1 容器囤苗反季节栽植

休眠季将大树掘出土球，选用可溶性无纺布（可降解）（图9-13）和三股聚丙烯绳（防腐烂）按要求打土球，然后重新栽回土中养护，随时准备用于绿化施工。

9.3.1.2 大木箱容器囤苗反季节栽植

休眠季将苗木栽植在木箱中，生长季节需要施工时连同木箱一起栽植，栽植过程中不伤根系，成活率高、效果好但成本高。

图 9-13 可降解无纺布种植 1 年后无纺布降解情况

9.3.1.3 反季节即时栽植

➢ 要尽可能扩大土球规格，少伤害有

效的吸收根。

➢ 根据根系损失情况采取相应的修剪量。

➢ 搭设荫棚定时喷水增湿降温，改善生境，土壤通气、湿润。

➢ 种植土要通气良好、湿润，利于生根。对于黏重的土壤，可以考虑在回填土中加入适量草炭类营养土或透气性强的沙质土，根区施用生根剂，促其缓苗，恢复树势。切忌施用化肥和未经腐熟的有机肥，它们对根系恢复生长不利。

9.3.2　保水剂和抗蒸腾剂的应用

北京空气湿度低，蒸发量大，栽植时宜选用 80~100 目保水粉剂稀释成浆糊状涂于根表。

干茎保水措施：用湿草绳绑扎干茎，其外用塑料薄膜包裹。

树冠保水措施：落叶大树强修剪减少蒸发量。

常绿大树加风障、喷水增湿降温：喷施高分子膜(200 倍液 7d 1 次)。

根系施用生根促进物质：如生根粉及萘乙酸、吲哚丁酸等，使用浓度一般在 1000~2000mg/L。

9.3.3　反季节种植应加大修剪量

修剪方法及修剪量如下：

➢ 种植前应进行苗木根系修剪，宜将劈裂根、病虫根剪除，冗长根短截，并对树冠进行修剪，保持根冠代谢平衡。

➢ 落叶树可抽稀后进行强截，多留生长枝和萌生的强枝，修剪量可达 6/10~9/10。常绿阔叶树，采取收缩树冠的方法，截去外围的枝条，适当疏稀树冠内部不必要的弱枝，多留强的萌生枝，修剪量可达 1/3~3/5。

➢ 针叶树以疏枝为主，修剪量可达 1/5~2/5。

➢ 对易挥发芳香油和树脂的针叶树、樟树等应在栽植前一周进行修剪，凡直径 10cm 以上的大伤口应光滑平整，经消毒并涂保护剂。

➢ 珍贵树种的树冠宜作少量疏剪。

➢ 灌木及藤蔓类修剪应做到：

对嫁接的花灌木，应将接口以下砧木萌生枝条剪除，并对接穗枝条进行适当短截。

分枝明显、新枝着生花芽的小灌木，应顺其树势适当强剪，促生新枝，更新老枝。

另外，对于苗木修剪的质量也应做到剪口平滑，不得劈裂。枝条短截时应留外芽，剪口应在芽上 1cm 处；修剪直径 2cm 以上大枝及粗根时，截口必须削平并涂防腐剂。

实例一：成枝力强的常绿阔叶大乔木种植施工修剪。如樟树等，可以回缩短截，疏枝，结合树干注射(图 9-14)。

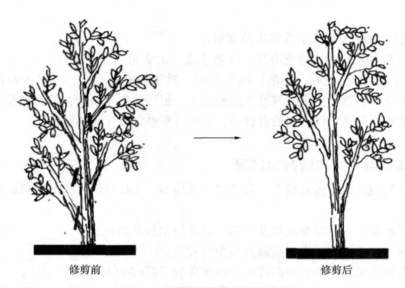

修剪前 修剪后

图9-14 樟树修剪前后树形对照

图9-15 常绿阔叶树摘叶

实例二：伤口愈合能力弱的常绿大乔木种植施工修剪，如广玉兰，可以采取疏枝结合摘叶的方法（图9-15）。

思 考 题

1. 种植施工修剪的原则是什么？
2. 种植施工修剪的目标是什么？
3. 影响修剪量的因素有哪些？
4. 反季节栽植修剪应注意什么问题？

第 10 章
园林中行道树、庭荫树的整形修剪

[**本章提要**]主要讲述园林中行道树、庭荫树的整形修剪目标，结构性修剪和养护性修剪的内容与技法。

为了使树冠的形状、体量、结构等方面满足遮阴、美化、安全的要求，在栽植后的前几年主要以培养符合环境要求的、健全的树体结构为主，这一时期的修剪任务主要以促进好的树体结构形成为主，可以叫作结构性修剪。当树体结构形成以后而进行的修剪主要以调整树木的生长发育和调节树木与车辆、行人、市政设施等的矛盾为主，这时的修剪叫养护性修剪。本章将分别加以介绍。

10.1 园林中公用设施附近行道树、庭荫树的结构性修剪

从安全角度考虑，大型机动车道两侧的行道树，枝下高以 4m 为好，停放小型汽车的绿荫停车场庭荫树枝下高应大于 2.5m，停放中型汽车的绿荫停车场庭荫树枝下高应大于 3.5m，停放大型汽车的绿荫停车场庭荫树枝下高应大于 4.0m。

公园园路树或林荫路上的树木主干高度以不影响行人散步为原则，一般要求枝下高不低于 2m。庭荫树枝下高比行道树略低，其他方面同行道树的要求基本一样。

树木定植密度小时，枝条自然整枝力弱，枝下高达不到要求。其中那些枝条开张的树种先端很容易下垂，影响树冠下行人或车辆通行，此时需要疏除这些大枝，产生大伤口，如管理不当，既容易引起树干腐烂，也不美观。那些分枝角度小的品种，树枝不容易下垂，但是容易形成内含皮，结构不牢固，影响树体安全，所以，为形成良好的树体结构，园林中新栽植的庭荫树大乔木需要结构性修剪。图 10-1 是行道树的例子，上图是早期不修剪后期要疏除大枝；下图是及早制订计划，早期就开始修剪的情况。

行道树和庭荫树的主干基本是在苗圃阶段培养的，速生树在园林中定植 5～6 年以后树形能基本形成，慢长树需要时间很长才能形成。为此要制定整形修剪计划，确定修剪周期，修剪周期越长，修剪时一次剪去的枝条就越多，剪下的枝就越粗，如果剪下的枝条已经有了心材，那么这种伤口愈合慢，抵御腐烂的能力弱，因此最好是缩短修剪周期，减少修剪量，避免对大枝的疏除(表 10-1)。

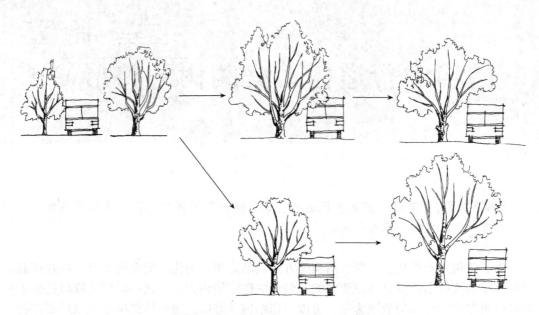

图 10-1 及早制订修剪计划，确保街道和停车场树木的健康

表 10-1 疏除不同规格的枝条修剪反应对比

枝条规格	去除枝条后的影响	建 议
枝条直径小于主干直径 1/3	无不良影响	疏 除
枝条直径大于干径的 1/3 以上	干可能产生缺陷	可以回缩而不疏除
枝太粗已有了心材	产生缺陷	用回缩，不能用疏除

结构性修剪主要任务包括：①确定树形，决定是培养有中央领导干形，还是培养无中干形。②确定永久冠的最低主枝位置。③让主枝分布均匀。④避免内含皮的形成，使枝的直径小于树干直径的 1/3。⑤防止永久冠以下的临时枝长得过大。⑥保持冠高比在 0.6 以上。

10.1.1 确定树形培养中央领导干

通常为了形成高大的树体，需要培养有中央领导干的树形，这种树形体量大、结构牢固，如果没有中干，树木体量就受限制。中央领导干的培育包括 3 个步骤：

第一步 选择能成为最佳中干的主枝。作中干的枝条要求位置居中，分枝角度小，无树洞、无大损伤和严重缺陷。

第二步 找出竞争枝。竞争枝长势旺应当控制。

第三步 控制竞争枝生长，对竞争枝进行短截或回缩，开张角度，或者疏除。

对多年生竞争枝处理：采取回缩，或回缩与疏除并用。如果修剪量过大，树冠内会产生空洞。若修剪量小一些，树冠内的空洞也小，但不利于中干生长(图 10-2)。

中干分叉成为双干而且已长得很大时，如果对其中的一个干疏除，虽然改善了树

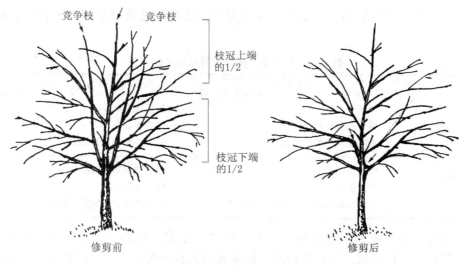

图 10-2　多年生竞争枝处理

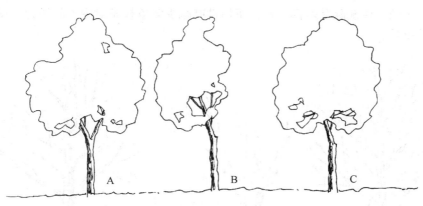

图 10-3　中干分叉树的处理

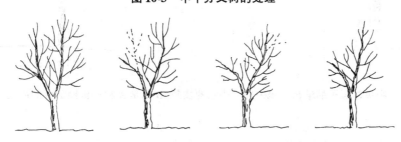

图 10-4　对双干中的一个进行回缩，平衡树冠，改善树形

体结构，但树冠看起来有些偏（图 10-3B），若对其中一个干采取先回缩结合疏枝，逐渐使其变成一个主枝比疏除更合适（图 10-3C）。

双干树是放任不剪造成的，如果一开始每年修剪，控制其中一个枝的生长，就不会形成双干，从现在开始就对一个干进行回缩，连年进行，逐步使其变成一个主枝也是一个有效的补救措施（图 10-4）。

如果修剪的方法适当，可以在不损害树冠的情况下达到整形修剪的目的（表10-2）。

表 10-2　修剪量、修剪反应与环境的关系

	修剪量大	修剪量小
适合的场所	郊区 修剪周期长的时候 美学要求不高的地方	居住区，商业区 修剪周期短 对美学要求高的地方
产生的修剪 反应	修剪伤口大 树冠空洞大 对未修剪部分的生长促进作用大	造成的修剪伤口较小 树冠空洞小 对未修剪部分的生长促进小

对多年生竞争枝采取回缩结合疏枝，控制其生长，确保中干的优势（图10-5）。尤其是那些带有内含皮的大枝要回缩。成年树的大枝一般不疏除，但竞争枝上的部分侧枝可以疏除，以减缓竞争枝生长速度。一般从竞争枝外围1/2处疏枝。如果为了控制竞争枝生长，仅疏除其基部的枝，不但没有减少竞争枝条对中干的压力，反而使竞争枝长得更长。

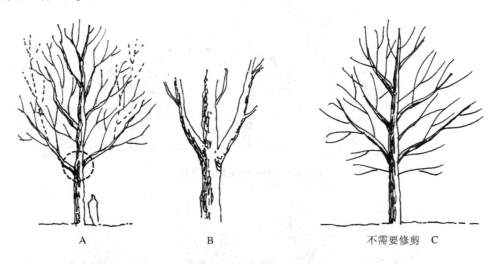

图 10-5　中央领导干的培育，疏去虚线表示的枝条（B 图是 A 树侧画圈部分的放大）

10.1.2　主枝的培养与修剪

10.1.2.1　制订培养主枝的修剪计划

要根据树木的生长速度，制订修剪计划（图10-6）。首先确定永久冠最下部大枝的位置，该位置以下的所有枝都是临时枝，不能长得太粗，不能长入永久树冠。主枝分布要均匀，利于通风透光，主枝间距离不能太近，避免"卡脖子"现象发生。表10-3列出了一棵树枝条的培养步骤。

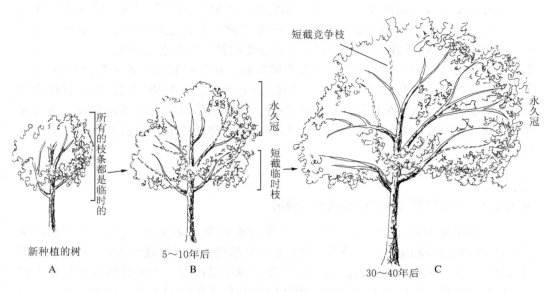

图 10-6　幼树修剪计划

表 10-3　庭荫树的枝条培养计划

时　　间	整形修剪任务
最初 5 年	对所有竞争枝短截或回缩，结合疏枝，确保其直径小于中干直径的 1/2
5 ~ 20 年	对离地面 3 ~ 6m 高处发出的侵占枝进行短截或回缩； 保持所有分枝直径小于主干直径的 1/2； 选定最低 2 ~ 3 个大主枝； 防止下部的树枝长至永久冠内； 对带内含皮的枝条回缩
20 ~ 40 年	确定和培养各级主枝； 使各级主枝适当分布均匀； 最低主枝以下的临时枝疏除； 带有内含皮的枝条回缩
50 年以上	疏除所有下部的临时枝； 所有大枝的培养，并注意间隔距离； 带有内含皮的枝条回缩

　　通常，树龄 25 年以下生长旺盛的树，下部的分枝角度小的枝生长达树冠上部要回缩或疏除。主枝上的直立枝也要短截或疏除。对永久冠以下的枝条要进行短截（图10-6）。生长过旺回缩至水平分枝或较小的侧枝处。短截所有的侵占枝，将使树木的生长速度减慢（图10-6A）。限制最下部临时枝的生长，将促进中干的生长，加快永久冠的形成。有一些树，例如紫薇、海棠等主枝上容易生出直立枝条，最好是对其进行短截而不采用疏除，因为疏除剪掉的活组织太多，将抑制树木生长，或滋生更多的萌蘖枝。

主枝是永久枝，应选择无内含皮、无劈裂、无修剪伤口等严重缺陷的枝条作主枝。主枝的直径应小于中干直径的 1/2。中干上两个主枝之间可以留几个小的临时枝。同时要记住永久冠以下的所有枝条，都是临时枝，防止它们长粗。

通常，新种植的小树上所有枝条都是临时枝，还没有形成永久主枝（图 10-6A）。树木到一定高度后，会长出 1～2 个大主枝（图 10-6B）。每次修剪时，对临时枝进行短截，防止它们长入永久树冠。30～40 年后，所有的临时枝都已被疏除掉。通过修剪使各级主枝间距适中（图 10-6C）。尤其对树冠上部的直立枝要进行短截，剪口留外芽。

交叉的大枝应回缩修剪。

10.1.2.2　青幼年期树木主枝的培养与修剪

在园林中树木定植的最初 2～5 年，主要着重培养中央领导干。第 5 年以后应主要是对主枝的培养和对枝条的管理。对长势过旺的枝条进行短截或疏除，确保它们不影响中干生长，不会长入永久冠内，或不会长得过粗即可。对低处的旺盛枝条先回缩，控制其生长，变细后再疏除，利于伤口愈合和永久冠的生长。中干上保留临时枝，有利于附近伤口的愈合。

树冠最下部的 1～2 个主枝是树木永久冠的开端。

幼树主干上如果有很多枝条聚集在一起，要疏除一部分，使余下的枝条有更多的空间生长，也有利于中干和主枝的正常生长。

如图 10-7 所示，中干上的大枝要有一定间隔。在不需要清理树冠的场所，最低的永久大枝条可以不剪，如果日后需要疏除，那么现在要控制其生长。

有一些枝条生长得快，如果位置合适，可以选作主枝。如果生长方向不合适，要调整方向。如果两个枝条离得太近，其中的一个要短截或疏除。图 10-7B 中 1～4 所

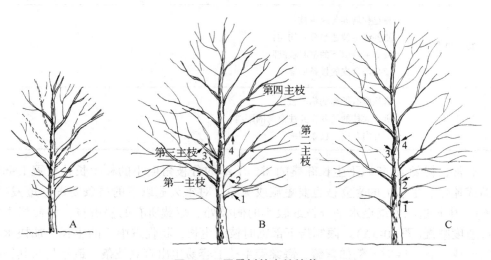

图10-7　风景树的主枝培养

（1～4 是主枝的竞争枝，先控制后疏除）

示对主枝的竞争枝短截或回缩，而不用疏除。通常被回缩的枝条生长缓慢。

10.1.2.3　不同类型行道树的主枝的培养与修剪

（1）枝条直立性强的树种主枝的选配

新疆杨的枝条具有直立生长习性，通常不下垂，不影响车辆和行人通行。其下部的枝在树上保留的时间很长，它们的直径可能大于主干直径的1/2，对有内含皮的枝条要进行短截（图10-8）。

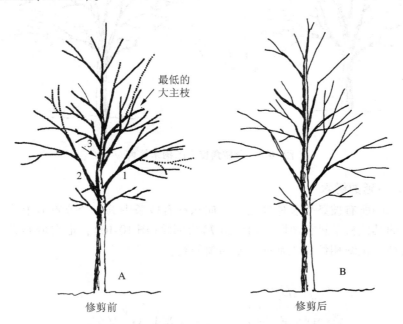

图10-8　枝条直立性强的幼年行道树的枝条管理

最下部主枝以下的枝虽是临时枝，但是在树上保留的时间会长一些，要通过回缩控制其生长，为最终疏除做准备。如图10-8A图1～3。疏除一些临时枝，促进永久枝的生长。中干的竞争枝进行了两处回缩，利于保持中干的优势。

（2）分枝角度大的树种主枝的选配与整形修剪

树冠呈圆形、椭圆形的树木，枝条分枝角度大，其枝下高要高，大型机动车停车场及其他对枝下高要求不低于4.5m的场合，都要注意整形。换言之，树高4.5m以下的枝条要短截或回缩，抑制它们生长，防止长入永久冠内（图10-9）。由于下部被回缩的枝最终将要疏除，所以要保持下部枝细小，使日后的修剪伤口小，利于愈合。

图10-9在树冠最下部同一位置有三个大枝。下部的左侧、右侧两个枝条都应回缩，右侧枝的上部已长到永久冠里了，应回缩，回缩时，最好是疏除直立部分，留较水平的枝条作头，抑制枝条生长。剪口下的一些较小的枝条也可以疏除掉。若两个枝条同时都疏除，修剪量过大，可能引起主干劈裂。

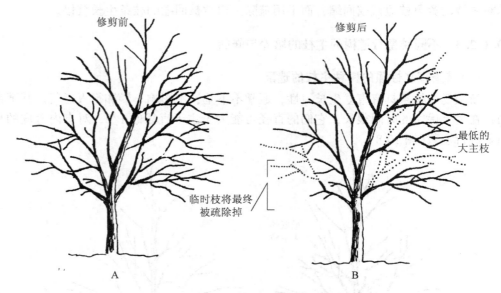

图 10-9　分枝角度大的树木修剪

(3)枝条下延的树木

这类树木的所有枝条生长速度相当，应从现有枝条中选一个位置适中的枝条作主枝，对附近的其他枝条进行疏除(见图 10-7)或回缩(图 10-10)，把它培养成主枝。枝条轮生树的枝条粗细相仿是正常的，不需要纠正。

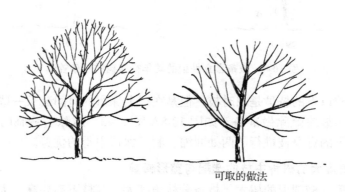

图 10-10　回缩减少树冠大小

(4)放任的中年乔木的主枝选配与整形修剪

连续 10 年未进行修剪的树，如图 10-11 所示，应疏除过密枝、交叉枝、重叠枝，回缩多年生竞争枝，促进剩下枝条的生长。

如果逆向枝、过密枝的直径等于或大于中干直径的 1/2，或者枝条直径大于 7.5cm 时，最好采取先回缩，一两年后再疏除。因为大枝可能已经有了心材，抵御腐烂蔓延的能力弱。那些带有内含皮和其他严重缺陷的大枝条不适合作主枝，应疏除。

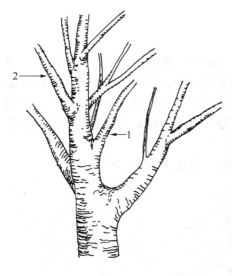

图10-11　放任树大主枝的培养

（5）枝条丛生树的主枝的选择与整形修剪

如图10-12所示，由于截头或放任生长，从同一位置长出3个以上粗细相当的大枝，应疏除一些，回缩一些枝，分几年进行，最终一个位置只有一个大枝。

此后两年，对余下的两个枝条进行回缩，在主干同一位置上只留一个大枝生长。

圆球形树形改造为有中干树形见图10-13。培养领导干和主枝，应先回缩部分枝条至一个分枝处。对没有分枝的枝疏除。对未选作中干和主枝的枝条，最终都应疏除，采取每一两年进行一次修剪，直到培育出好的树体结构。

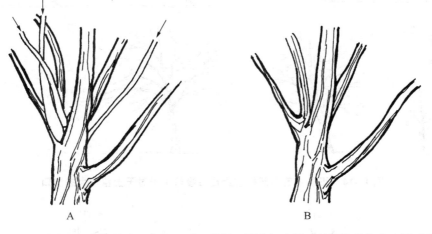

A　　　　　　　　　　　　　　B

图10-12　丛生枝与主干结合不牢固，对于幼树，那些标有箭头的细小枝条应立即疏除

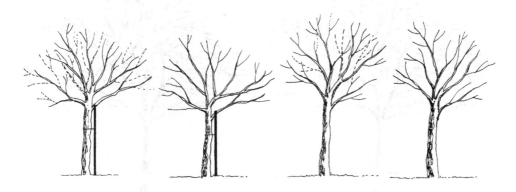

图10-13　将有主干圆球形改成有中干的树形

10.1.3　永久冠以下枝条的管理与修剪

一般树木，幼树时枝条向上生长，看起来不会影响车辆和行人安全。但是，随着枝条长大，重量增加，开始下垂，若干年后，如果下部的枝条需要疏除，将产生大的修剪伤口，会引起腐烂和劈裂。因此下部的枝条应尽早进行控制，防止长粗，这样当细枝疏除时，留下的伤口也小，发生腐烂的几率就小。图 10-14 示意此类树木的生长过程及修理后效果。

修剪方法是：对下部枝的末梢进行回缩或疏除，防止下垂(图 10-15)。

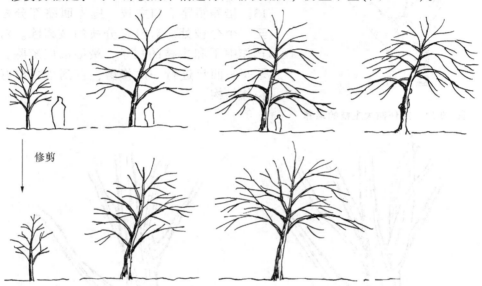

图 10-14　正确修剪下部枝防止日后修剪主干时干上留下大的伤口

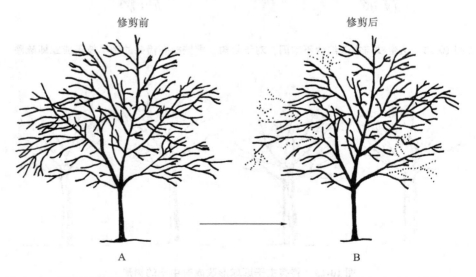

图 10-15　抑制较低处枝条的生长(下部枝条若生长太旺，应通过回缩的方法抑制其生长)

10.1.4　永久树冠的主枝的选配与修剪

主枝与中干的夹角要适当，分枝角度过小的主枝长势旺，很容易形成内含皮，分枝角度大于90°，则长势弱。主枝应分布均匀，间隔距离是树干高度的5%，主枝在水平方向均匀分布，在立面上不重叠、不交叉。

10.1.5　主枝的粗度要小于中干直径的1/2

在角度合适的情况下，通过疏枝可以控制主枝的粗度，使主枝粗度小于中干直径的1/2，利于在枝干连接处形成枝领。当主枝生长过旺时可以通过背后枝换头或加大枝头的角度来减缓其生长；当主枝长势弱时，枝头短截时宜选上芽抬高枝头角度，增加长势。

10.1.6　适时调整冠高比控制高粗比

具体方法见苗圃中行道树修剪法。

10.2　园林景观中乔木的养护性修剪

园林景观中乔木的养护性修剪目的主要是为了保证公众安全，使树体完整、健壮、美观、长寿。

养护性修剪内容包括常规修剪、调整树冠高度的修剪、稀疏树冠、暴风雨和雪后恢复受损的树冠、开辟透景线的修剪、避让电线的定向性修剪等内容。

10.2.1　常规修剪

所谓常规修剪是指疏除死枝、病虫枝、损伤枝、交叉枝、重叠枝、逆向枝和徒长枝的操作。

（1）交叉枝的疏除

如果两枝交叉，剪掉受损严重的或位置不当的枝条。如果两个受损都很严重，则都要剪掉。

（2）枯死枝的疏除

一方面枯死枝影响树体美观，另一方面树上的枯死枝遇到暴风雪很容易折断，影响树下行人和车辆的安全。因此枯死枝一定要及时疏除。

（3）病虫枝的疏除

如果树木局部感染了枯萎病等严重的传染病，要及时疏除，这样可减少对其他健康植株的传播，但发生一般的病害无需马上疏除，要采取化学治疗，并做好预防工作。

（4）重叠枝的疏除

重叠枝一般剪去一个留一个，通常要整体考虑，将过密的疏除。

（5）逆向枝的疏除

逆向枝扰乱树形，影响通风透光，要疏除。

（6）徒长枝的处理

徒长枝的形成是由于生长调节不平衡、顶端优势后移产生的。这些徒长枝不能全部疏剪。枫树、紫薇等徒长枝容易下垂和弯曲。如果萌生徒长枝很多，适当疏除一部分，使留下的枝彼此有一定间隔。

常规修剪要注意的问题：首先注意不要轻易从树上剪掉活枝，其次是遭受严重干旱、洪水或虫害胁迫的树尽量少剪或不剪活枝。最后要保持枝领完好。

10.2.2　稀疏树冠

10.2.2.1　稀疏树冠的原因

（1）减少风害

在风口地带孤立生长的树、根系生长空间有限的行道树、偏冠树，容易遭受风害，为了减少树木受暴风雨侵害的危险，要疏冠。

（2）改善光照

当树冠下有需要光照的其他植物时，稀疏树冠有利于树下植物的生长。

（3）平衡树冠

偏冠的树不稳定，要通过疏枝平衡树冠。

（4）突出美景

为了展现树木干皮的美，稀疏树冠可使干皮显现出来。

（5）减少虫害发生

浓密的树冠疏枝后通风透光好，降低冠内空气湿度，防止害虫滋生。

10.2.2.2　稀疏树冠的方法

（1）疏枝部位

稀疏树冠时，要从树冠边缘疏枝有助于使主枝基部增粗。疏除平行枝，减少风压，提高树木抵抗暴风雨的能力。疏除的枝条粗度应少于临界修剪规格。其他参考常规修剪疏枝法。

（2）疏枝量

幼树一次剪掉的叶子量不要超过总叶子量的 25%。成年树一次疏枝量不超过总叶子量的 20%。对于老年树一次剪掉的叶子量不要超过总叶子量的 15%。疏剪过量会过度消耗能量，滋生萌蘖枝，容易产生日灼、劈裂。内膛疏剪过量会使剪后的枝条

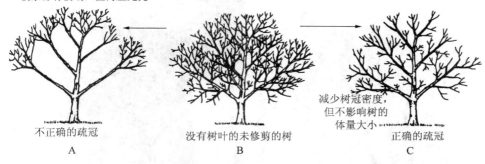

树看起来很古怪，所有的枝条都有枝端，但内膛光秃

减少树冠密度，但不影响树的体量大小

不正确的疏冠
A

没有树叶的未修剪的树
B

正确的疏冠
C

图 10-16　稀疏树冠的修剪

从树冠边缘疏除小枝条是正确的（C），仅疏除树冠内部和下方的枝条是错误的（A）

过度伸长，在暴风雨中极易劈裂，对根也有负面影响。修剪过量后会产生过多徒长枝。

图 10-16 稀疏树冠时，首先剪掉树冠边缘的小枝。仅剪除内膛和较下部的枝条是错误的。

对平行枝疏除一个（图 10-17、图 10-18），剪后没有改变树高和冠幅。

树冠边缘的平行枝，一般疏除下部分枝。

（3）稀疏树冠易犯的错误

将内膛小枝和基部小枝全部疏除，形成内膛光秃，这种修剪不但减少了树木有效光合作用的面积，使树木生长缓慢衰弱，还增加虫害侵入点，易得日灼病，引发劈裂和腐烂，同时树的梢部更重，更容易遭受暴风雨和雪压的危害（图 10-19、图 10-20）。

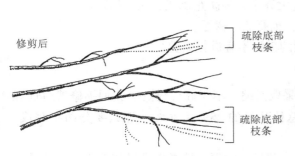

修剪后

疏除底部枝条

疏除底部枝条

图 10-17　平行枝的疏除

图 10-18　从树冠边缘疏枝后，错落有致，通风透光

图 10-19　疏枝过度，内膛光秃　　　图 10-20　1 年后由于病虫害等原因，三主枝受雪害被疏除，进一步损坏树形

10.2.3　控制树木的体量

10.2.3.1　缩小树冠

(1) 缩小树冠的原因

通常情况下，缩小树冠，减少了树木光合作用的面积，对树木生长产生不利的影响，但是在下列情况下还是应该缩小树冠：

> 种植设计不合理，在狭小空间里种植了体量很大的树木，不得不缩小树冠。
> 主枝基部受到病虫害侵袭或受机械损伤，承受力下降，为减少长枝末端的重量，减少断裂的可能性。
> 树冠离建筑过近，严重影响到建筑的安全。
> 重要景点旁的树木，树冠挡住了最佳视线，要开阔视野。
> 在土壤空间有限的地方种植了高大乔木，为防止倒伏，减小树冠。
> 当高粗比大于 50 时，树易风折，也要减小树冠。

山毛榉、白桦等花木缩冠后易腐烂的树种不宜进行缩剪。

(2) 缩小树冠的方法

如图 10-21 所示，缩小树冠最好是采取回缩，不要截头（抹头），回缩修剪后远观看不出痕迹。如果计划的缩剪量超过总枝叶量的 25% ~ 30%，那么要分两年完成，否则对树的影响太大。

将多年生枝回缩到一个分枝处，这个截口下的第一枝必须满足如下要求：一是该枝的粗度至少应是被截掉枝条粗度的 1/3 ~ 1/2，否则，如果枝太细，剪口处容易萌蘖过多。二是剪口下第一枝与被截枝的角度宜小不宜大。角度大既不自然，断裂的可

图 10-21　回缩树冠

能性也大（图 10-22）。如果截口下第一枝的粗度超过被截枝粗度的 1/2 或者长度过长，要对该枝的末端进行疏枝，预防断裂。一次将树冠缩小 20% 是不合理的。

10.2.3.2　使乔木保持较小的体量

当大乔木被误种在建筑物、路灯或电线旁等空间狭窄的地方时，要通过修剪控制体量。常用的控制树木体量的修剪方法有回缩法、抹头法和截梢法。回缩法在本节修剪缩小树冠部分中已经讲过，此处不再赘述。

（1）抹头法

抹头法是指为了控制树木体量，不管枝条的年龄大小一律剪到同一个高度或长度，这样可能剪断了大量多年生枝，包括一些带有心材的枝条，对树势损伤大，大的伤口容易引起腐烂，也容易发枝过多，这些是其缺点，唯一优点是容易操作。

（2）截梢法

截梢法是在树木的早期开始进行，仅短截 1~2 年生枝，每年都要修剪到同一个高度，在这个位置会形成瘤状突起，每年修剪时别伤到这个瘤状物，这种方法对树体损伤小，不会引起枝条腐烂，但是每年都要修剪，较费工。如图 10-23 所示，欧洲一些国家过去常用此法控制树木的体量。

当树体结构形成后，在一定高度对 1~3 年生枝上进行短截，以后每年都截至同一点。最后在截口顶部形成了瘤状物，瘤状物是芽、愈伤组织和枝领的聚集处，一定

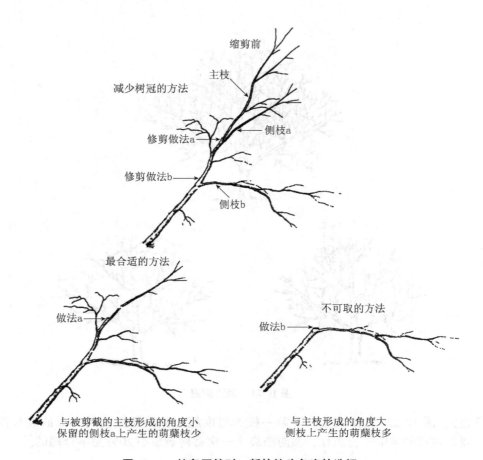

图 10-22 枝条回缩时，新的枝头角度的选择

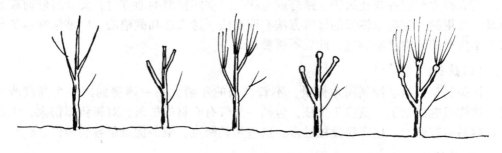

图 10-23 截梢法示意图

不要剪掉这个瘤。瘤上的枝条每年都要疏除，这样就使树木体量保持在较小的状态不变（图 10-24、图 10-25）。

适合截梢的树种有：槭树属、七叶树属、白蜡属、鹅掌楸属、榆属、悬铃木属等。抹头和截梢的对比见表 10-4。

图 10-24　树木截梢后效果

图 10-25　截梢头局部放大

表 10-4　抹头和截梢的对比

抹 头	截 梢
·不考虑枝条粗度和年龄	·枝条粗度不要超过 2.5cm
·不需每年修剪	·在幼年期开始进行
·易引起枝干衰弱	·每年截到最初的截口处，树干不衰弱
·引起树体结构衰弱，存在安全隐患	·树体结构好
·缩短树的寿命	·能延长树木寿命
·很多树都可以进行此类修剪	·少数树种适宜截梢

10.2.4　抬高树冠

　　为了使树冠不遮挡交通标志，或为了开辟透景线，需要抬高树冠（图 10-26）。干皮薄的树木如果下部枝一次去掉得太多，容易产生日灼，对树木伤害太大。

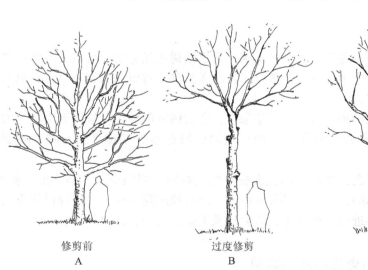

修剪前　　　　　　　　过度修剪　　　　　　　　适度修剪
A　　　　　　　　　　　B　　　　　　　　　　　C

图 10-26　抬高树冠

下部枝去掉太多也可能萌生徒长枝，使树长得更高。树高 1/2 以下的部位应留一些大枝，即最好保证冠高比不小于 0.6，这样有利于树干形成一定的尖削度（图 10-26C）。同样道理，主枝 50% 的叶片应着生在主枝基部 2/3 区域内的侧枝上。在大枝疏除后树干下部着生的小枝应保留 1 年以上，既防止树干受到日灼，也利于伤口的愈合。

树冠抬高要分步进行：如图 10-26C 右所示，有时在树干同一个高度有两个大枝需要疏除，如果两个大枝同时疏除产生的伤口太大，可以先疏去一个，回缩另一个，待回缩的大枝小于树干粗度的 1/3 后再疏除。注意抬高树冠与结构修剪和纠正缺陷相结合。图 10-27 所示最右边的树由于抬高树冠未与结构修剪相结合，所以整体树形不美观。

图 10-27　抬高树冠没有与结构性修剪相结合

10.2.5　平衡树势

树势平衡意味着树木稳定、安全、美观。为增强树木长势时，可以采取背后枝换头，即将主枝回缩到一个更直立的分枝处；为减弱长势，可以回缩到一个更平展的分枝处（图 10-28）。

常年吹一个方向风的地方容易形成偏冠树，海边树木的树冠常远离海岸线。如图 10-29 所示，要使这些树冠对称很难，但可以通过修剪达到某种平衡，减少风倒的危险。

林缘或一侧光照不良，常形成向光面枝条生长旺盛，背阴面长势弱，形成偏冠，可先对附近的庭荫树回缩，然后将偏冠树向光一边的枝疏除一些，并把保留的小枝短截，截口芽向下。每年进行平衡修剪，就会形成美观、安全、健康的树形。

10.2.6　树丛及有内含皮树木的修剪

有内含皮的大枝要通过疏枝和回缩来控制其生长，或通过打箍加固，防止劈裂

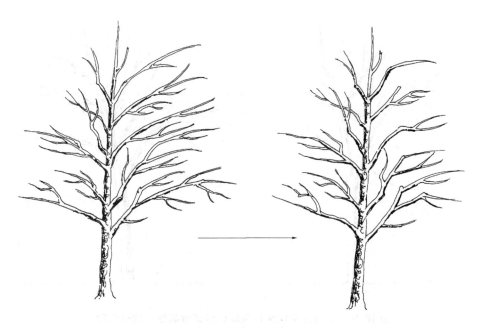

图 10-28　应用回缩和疏除平衡树势

图 10-29　常年受同一方向风影响的树木树冠

（图 10-30）。

几株乔木组成的树丛，树形很漂亮，但是每棵树都是偏冠的；树丛向外一边的根系好，里面的树根系生长弱，对树冠外侧的枝适当回缩，可避免树丛倒伏，如图 10-33 所示。

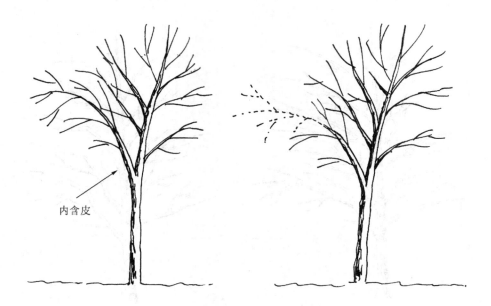

内含皮

图 10-30　有内含皮的大树采取回缩结合疏枝，减少危险

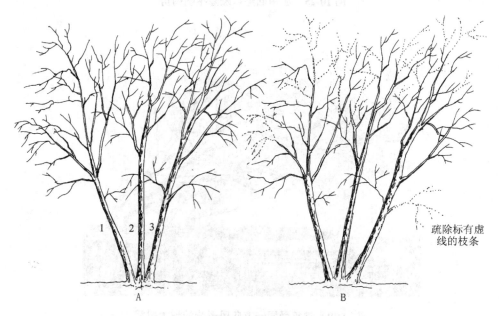

1　2　3

疏除标有虚
线的枝条

A　　　　　　　B

图 10-31　几棵乔木组成的树丛修剪法

10.2.7　暴风雨后树木的修剪

暴风雨后，对 1 年生的断枝要短截，对多年生断裂大枝要回缩或疏除。如图 10-32、图 10-33 所示。

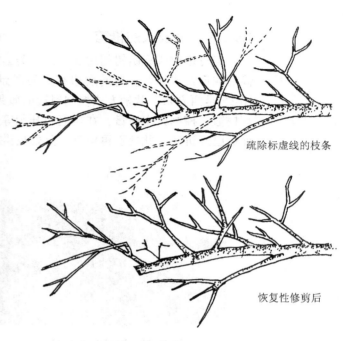

疏除标虚线的枝条

恢复性修剪后

图 10-32 暴风雨后树木受害状　　　　图 10-33 被暴风雨损害的水平枝的恢复修剪

被暴风雨损坏的树，第 2 年会发出很多萌蘖枝，当萌蘖枝发生空间竞争时，均匀地疏除 1/3，甩放 1/3 培养成大枝，其余的枝轻剪，要预防枝条长得太长变弱，几年后就可恢复良好的树体结构。

10.2.8 内膛光秃树的恢复

保留大枝基部的小枝有助于增加大枝的尖削度，提高大枝的承载力。但是由于过度疏枝，造成内膛光秃的树，第 2 年会产生很多徒长枝，对这些萌生枝要疏除一些，保留的枝条分布要均匀，2~3 年后回缩，细小萌蘖需要几年后再回缩，进一步培养，这个过程要重复多年，直到保留的枝占满大枝的空间为止(图 10-34)。

大主枝

内部枝条都被疏除

未经修剪的徒长枝将被养成永久枝

图 10-34 内膛光秃枝的恢复法

10.2.9 透景式的修剪

当行道树或庭荫树的后面风景优美，需要供人们欣赏时，就要开辟透景线，这种修剪叫透景式修剪。树的后边有美丽风景，每年都要通过修剪来控制树冠大小，图10-35 是西方采取截梢方式控制树冠的效果，看上去人工味很浓。透景常用手法是抬高树冠，控制树木体量，在树冠中开洞等开辟透景线，其中控制树木体量和抬高树冠前面已经讲述，此处不再重复，此处只讲在树冠中开洞法。

图 10-35 控制树冠透景法　　　　　图 10-36 稀疏与控制高度结合透景法

有时在树冠内开洞更好。开的洞要自然，不要太机械，成年树修剪量不要超过10%～15%，幼年树25%，降低树木高度要采用回缩而不应是抹头。

从树冠中开洞和抬高树木分枝点都可以将树木遮挡的景观透出来。图10-36 是我国通常采取的回缩方法控制树木体量，修整后树形很自然。

10.2.10 市政设施附近树木的定向修剪

市政设施附近的树木分树冠上方有线路、一侧有线路和下方有线路 3 种情况。

10.2.10.1 树冠上方有线路

这种情况实际就是控制树冠，防止树冠长高，有截梢、抹头和回缩 3 种方法。具体做法参见本节控制树冠体量和抬高树冠部分的相关内容。在重点地带可以通过截梢来控制树冠体量，但截梢每年都要进行，较费工，其次是通过回缩来控制树冠长高，如图 10-37 所示。最差的方法是抹头，最好不要用。当然最科学的方法是在设计时将大乔木改成小乔木。

10.2.10.2 树冠一侧有线路

树冠一侧有线路时主要的修剪方法是：

① 对线路高度以下的一年生枝短截时剪口留下芽，多年生枝回缩时选背后枝作延长枝头，控制下方枝向高处生长。

② 对与线路等高且向线路方向生长的枝条采取截梢的方法，既防止对电线的干

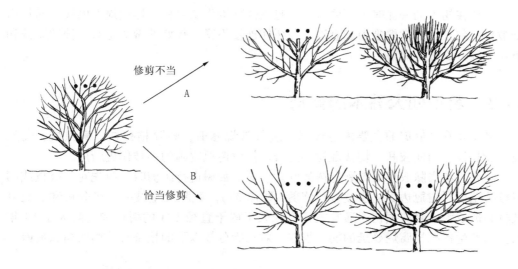

图 10-37　电线在树冠上方的修剪法

扰，也利于防止树干腐烂。

③ 对高于线路的枝条：一年生枝短截时剪口留上芽，多年生枝回缩时选斜向上生长的枝作延长枝头。同时注意枝条基部多保留小枝，保持一定的尖削度，防止末端下垂（图 10-38）。

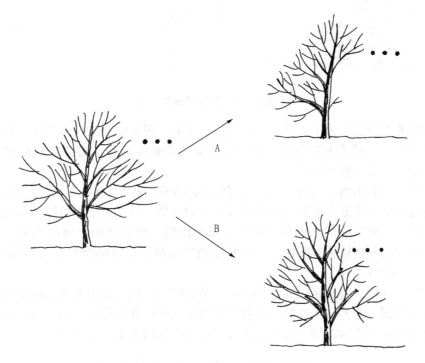

图 10-38　电线在树冠侧方的修剪法

方法 B 比方法 A 要求更频繁的修剪，养护费用高，但树干损伤小，树形更美观

电线在树木的一侧时，不要打头，打头修剪滋生萌蘖枝，迅速逼近电线，而且由于被打头的枝条通常劈裂引起衰退，与树体连接不紧，较好的做法是对入侵枝短截和疏除两种方法并用。

10.3　老年期大乔木的修剪

老年期乔木修剪的主要内容包括：进行常规修剪，疏除枯死枝、病虫枝、交叉枝、徒长枝、内向枝和一切扰乱树形的枝。保留树冠内膛的小枝作更新用。

不要轻易去除成年大树和老树的叶片。对老龄树进行疏剪时，应先对三级枝或四级枝甚至仅对树冠边缘的小枝进行修剪（图 10-39）。疏除大主枝的一级分枝和二级分枝将会造成大的修剪损伤。通常枝条直径大于树干直径 1/3 的树枝和树龄大于 15 年以上的速生树抵抗腐烂蔓延的能力很差。对三级分枝以下的枝条常采用回缩和疏剪。

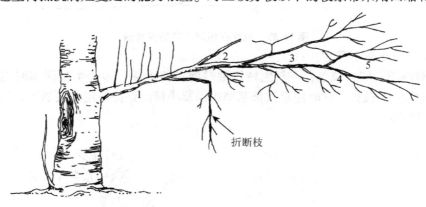

折断枝

图 10-39　老龄树修剪

不要轻易剪除老年树上的叶片。老树过量修剪，树木储存的能量减少；树木受伤后产生分室现象，树体要消耗更多能量，甚至引起树体劈裂；内膛光秃处产生萌蘖枝，消耗能量；引起枝条死亡。

放任树或修剪不当，大枝的结合处可能有内含皮。除了在结构上与主干连接不好之外，还可能对结合处以下的树干造成看不见的损伤。这是由于树枝随风摆动，树皮和形成层彼此摩擦造成的。如果发现树干流出树液、结合处的愈伤组织生长极度迅速，要考虑对这些树枝进行剪截，以减轻枝梢的负荷。也可用绳索和支撑系统加固，减少大树劈裂的可能性。

对有潜在危险的树枝在做修剪决定时应考虑以下问题：①短截可使树枝变短，可以减轻枝梢负荷，但剪口不自然。②修剪量的多少因树种而异。对建筑物、电线、路灯有影响的树木采用回缩的方法修剪树冠，可能引起树木生长势下降。

思 考 题

1. 园林景观中庭荫树整形修剪的主要目标是什么？
2. 对于行道树，树冠上方没有电线时，有中干形树优于无中干形的原因是什么？
3. 大乔木培养成有中干的树形比小乔木更重要的原因是什么？
4. 如果永久冠以下的枝过粗，形成了共同控制干将会有何不利影响？
5. 庭荫树的大树枝间隔应该多大？
6. 整形修剪的一个目标是保持主枝直径小于主干直径的多少？
7. 分枝点低的树适合栽植在哪些场合？
8. 抬高树冠的方法有哪些？
9. 试述不同修剪量对树木的影响。
10. 公园里新栽的树木与行道树的修剪有何异同？
11. 暴风雨损坏的树木如何修剪？
12. 市政设施旁的树木如何修剪？
13. 树丛该如何修剪？
14. 庭荫树遮挡视线时该如何修剪？
15. 控制树木体量有几种方法？

第 11 章
园林中花木类的整形修剪

[**本章提要**] 主要讲述园林中观赏花木的整形修剪原因、方法和类型。区分截顶、截梢和短截等概念的异同及对树木的影响。重点阐述树篱的建造和维护、灌木体量的缩小方法。

荫木类的整形修剪已经在第 10 章进行了详细阐述。本章将主要讲述以观赏（观花、观果、观叶、观干）为主要功能的花木的修剪。这类花木既包括观花小乔木，也包括观赏灌木和藤木。

灌木修剪基本上不用担心树体结构对人的安全问题。园林中花灌木修剪的原因可以归纳如下：

➢ 为了复壮。灌木随枝条年龄变老失去活力，通过短截、缩剪和疏枝，使灌木复壮。

➢ 为了保持或缩小灌木的体量。有时由于设计不当，将体量大的灌木栽植在窗户、人行道、道路交叉口或建筑旁，影响道路功能或室内采光。因此，为了弥补设计的缺陷，常用修剪的方法来控制灌木的体量。

➢ 维持设计意图。根据设计要求，将灌木修剪成几何图案；或通过回缩修剪出更持久而自然的外形。整成各种与园林环境相配的树形或做成绿色雕塑。

➢ 为了保持或提高观赏性。如红瑞木等每年晚冬或早春进行平茬，使其在来年长出茂密的枝叶，保持观赏性，因为老枝观赏性降低了。

➢ 避免开花结实的"大小年"现象。海棠类等"春华秋实"的花木，有的有"大小年"现象，通过修剪可以一定程度上解决这个问题。

11.1 各类花木的一般修剪法

花木按其观赏部位可分为观花类、观果类、观枝类、观形类、观叶类等几大类，下面分别讲解其修剪方法。

11.1.1 观花类花木的修剪

园林中凡花色艳丽、花型奇特、花香宜人、花姿动人，总之以观花为主要目的的花木的修剪，必须掌握其花芽分化类型、开花习性、花芽着生部位、花芽的性质等。

11.1.1.1　早春开花的种类

早春在老枝上开花的观花灌木，如苹果属、木兰属、李属、猬实属、连翘属、山茶属、锦带花属、白鹃梅属、梨属、丁香属等花木，花芽分化在头一年的夏秋季进行，属于夏秋分化型，在花后修剪，翌年早春开花最多。在夏季、秋季、冬季也可以对这些灌木进行修剪，但会剪掉一些花芽，翌年的开花量减少，单朵花直径增大。

若以欣赏群体美为主，应在花后修剪；以欣赏个体美和姿态为主的，以休眠季为主，结合夏季修剪。但是由于冬季劳动力充足，很多地方都采取休眠季修剪，实际上降低了观赏效果，这种做法不可取，应当根据绿地等级和观赏特点而修剪。修剪方法以截、疏为主，综合应用其他修剪方法。在实际生产中，有些种类只进行常规修剪，仅将枯死枝、病虫枝、过密枝、交叉枝、徒长枝等疏除，其他枝不修剪；有些种类除常规修剪外，还需要进行造型修剪和花枝组的培养，以增加观赏性、艺术性。

修剪时要注意以下问题：

① 要根据修剪方案进行整形修剪。园林景观中花木的整形修剪是苗圃中整形工作的延续。在景观中制订了修剪方案之后不要随便变更，否则不但毁坏了树形，影响观赏效果，也会造成修剪过量，影响树势。

② 要了解枝芽特性，尤其要看花芽着生的位置、性质、花芽类型，确定修剪技法和位置。要注意剪口芽的位置或类型。所谓剪口芽是指修剪后剪口下的第一个芽。

如玉兰、山茶、杜鹃花等当年抽生的旺枝顶芽形成顶生纯花芽，第 2 年开花，在休眠季修剪时，一般不能对着生花芽的枝条进行短截，必要时可以疏枝。但为扩大树冠要对主枝的延长枝头进行短截。因为短截将会使花芽都剪掉，没有开花的部位了。这类花木的修剪以玉兰为例，如图 11-1 所示。

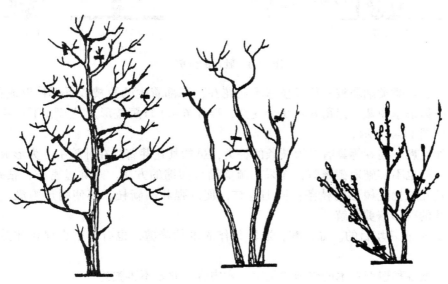

图 11-1　玉兰不同树形的修剪

而对于桃花、梅花等当年抽生的枝条叶腋处形成花芽，第 2 年开花，适时短截可以诱发短枝，如图 11-2 所示为早春开花的种类花枝的修剪。

八仙花、牡丹在当年抽生的壮枝顶端向下的第 2～3 个芽形成花芽实际为混合芽。翌年开花，应花后除残花、秋天剪去顶端发育不良的部分。如图 11-3 所示。

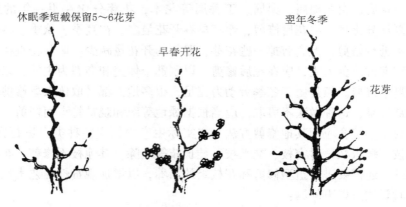

图 11-2　早春腋生花芽开花花木的修剪

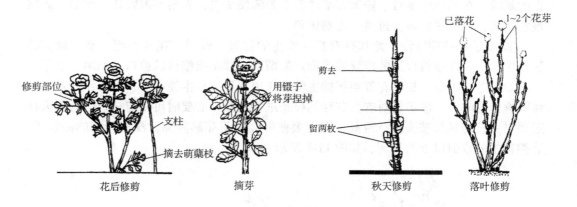

图 11-3　牡丹的修剪

苹果、柑橘类细弱枝、徒长枝形不成花芽，基部着生的短枝或下部枝形成花芽，健壮枝应休眠季短截，保留 6～10 个花芽，翌年 6～9 月短枝形成花芽，下一年春天开花。如图 11-4 所示。

再如连翘、迎春等具有拱形枝条的种类，虽然其花芽着生在叶腋中，为形成飘逸的树形一般也不实施短截修剪，而采用疏剪结合回缩的方法。疏除过密枝、枯死枝、病虫枝及冗长扰乱树形的枝条；回缩老枝，促发强壮的新枝，以使树形饱满。如图 11-5 连翘的整形修剪图解。

③ 还要看栽培目的。如连翘，通常是作灌木状修剪，也有作垂直绿化和乔木修剪的。

至于做各种造型花木的修剪参见第 5 章内容，此处不再赘述。

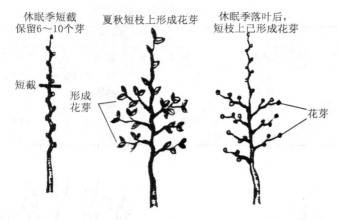

图11-4　垂丝海棠、苹果、柑橘细弱枝、徒长枝不能形成花芽

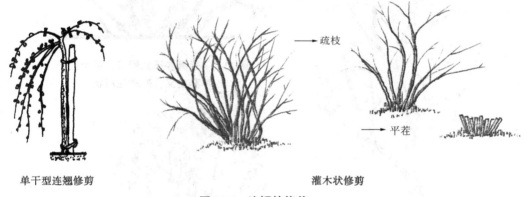

单干型连翘修剪　　　　　　　　　　　　　　　灌木状修剪

图11-5　连翘的修剪

11.1.1.2　夏秋开花的种类

　　紫薇、木槿等夏秋开花的花木一般是在当年发出的新梢上开花。其花芽是在当年春天发出的新梢上形成。这类耐寒性弱的花木在北方通常在早春、树液开始流动前修剪。一般不在秋季修剪，以免枝条受刺激后发出新梢，遭受冻害。修剪方法因树种不同，主要是短截和疏剪相结合。如紫薇等花后还应该去残花，促使其再发新枝再开花达到"百日红"；有的还可使树木二次开花(珍珠梅、锦带花等)。此类花木修剪时应特别注意：开花前不要进行重短截，因为此类花木的花芽大部分着生在枝条的上部和顶端。图11-6和图11-7分别示意了紫薇单干式和多干式修剪法，多干式修剪后效果参见图5-18。

　　表11-1列出了紫薇对不同修剪的反应。通常对紫薇进行重剪，修剪越重萌枝越多，不修剪时萌枝最少。生长季定期打头也是紫薇修剪最常用的方法，但结果表明修剪后的花相和树相很难看。

表 11-1　紫薇对不同修剪的反应

反　应	修剪类型			
	不修剪	一年生枝每年打头	截顶	一年内多次打头
萌生枝	最少	有一些	有一些到适度	萌生枝太多
开　花	较多	适度	适度	最少
树体变化给人的感觉	最小	中等	中等	最大
美　学	可取	可以接受	可接受	最不可接受
长　势	逐年下降	旺盛	旺盛	枝过密

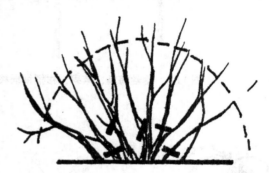

图 11-7　紫薇多干式修剪：多个主干
不要交叉，形成花瓶状

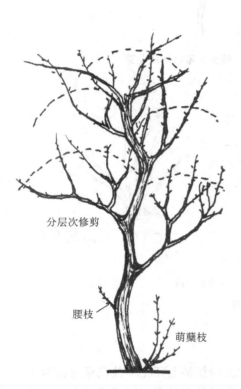

分层次修剪

腰枝

萌蘖枝

图 11-6　紫薇单干式修剪

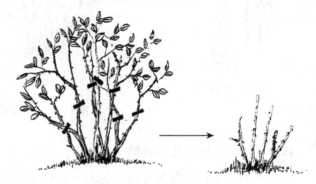

图 11-8　微型月季的修剪

11.1.1.3　月季类的修剪

现代月季可以分为丰花月季、杂种香水月季、攀缘类、微型月季、树状月季、壮花月季六大类。在气候温暖地区，月季修剪在秋季修剪，在寒冷地区可以在秋末剪掉一些枝条，减少受风面积，到冬末时再修剪。也可以秋末修剪后浇冻水埋土防寒，翌年春季再复剪。月季花芽属于当年形成当年分化开花。月季有一年开一次花的，也有三季开花的，三季开花的在开花后要修剪，一般带一片5小叶剪，整形形式多样。

微型月季和丰花月季整形形式基本相同（图11-8），主要是疏除细枝和死枝，将健壮的活枝中度短截。

杂种香水月季和壮花月季修剪如图 11-9 所示，分轻剪、中剪、重剪 3 种情况。

杂种香水月季和壮花月季为落叶灌木，因此每年都需要修剪，以促进花朵的定期发育和保持植物的长寿。

这类月季花朵一般开在新枝上，每年新枝的长势和数量主要取决于对它们修剪的严格程度，例如，枝条修剪的越长，以后的新枝发生量越少，但所发新枝会更强壮。

① 轻度修剪　非常适合于土层较浅且含砂的土壤，该类土壤肥力较低且不能支持大量旺盛枝条，长期使用这项技术会导致枝条变细长、脆弱，且花朵质量不高，故应定期为植物施肥浇水，同时在植物周围覆盖已分解的有机质。

② 中度修剪　适合于中度沃土，但如植株过密，枝条过长，且有细长而长叶的则每隔几个季节应对其严格修剪。

③ 重度修剪　非常适合长期未修剪的杂种香水月季的更新。例如，道路隔离带处的月季。

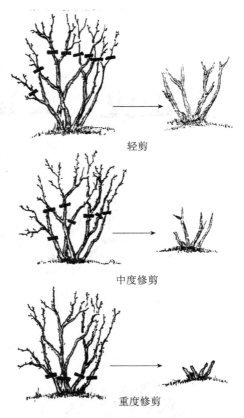

图 11-9　灌木状月季的修剪

在气候温和地区，该类植物的修剪可在秋季进行。但整个冬季都多霜、寒冷的地区，最好在冬末进行修剪。如果在冬季进行修剪，则在秋末剪掉顶部一些枝条，以减少暴露面积，减少遭强风袭击的可能。修剪方法：修剪枯死和受损枝，然后切掉多余细弱枝，对繁茂枝中度短截，保证树丛中的枝条没挤满茎干。

攀缘类月季的树篱式修剪如图 11-10 所示。

树篱需经常保持均匀而平坦的顶部，对于那些蔷薇属植物几乎是不可能的。因此，最好剪成自然、不规则的树篱。修剪方法：第一年初春把前年秋末至冬末种植的月季所有枝条剪切到地表以上 10~15cm。第二年冬末到初春，再次修剪茎干，去掉枯死和拥挤枝，如树篱过密，底部不透光则把部分枝条剪到地表以上 30~45cm 处。接下来几年剪除过于拥挤枝条即可。

树状月季标准树形的修剪法如图 11-11 所示。

最佳的树状月季一般在每根茎上都有 2~3 个芽，这样使得植物的顶部不仅均匀而且有型。修剪方法：秋末到冬末种植时要保证用树桩牢固支撑，次年，剪除那些病害枝、交叉枝和枯死的枝条，此外，新枝修剪到剩余 3~5 根芽(约15cm)，同时保证侧枝上保留 2~4 个芽(10~15cm)，下年冬末头状树形已形成，1 年生枝条修剪至剩余 6~8 根芽(约25cm)，同时侧枝条留 3~6 根芽(约15cm)。

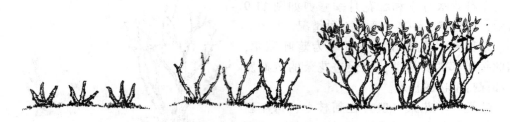

图 11-10　月季树篱式的修剪

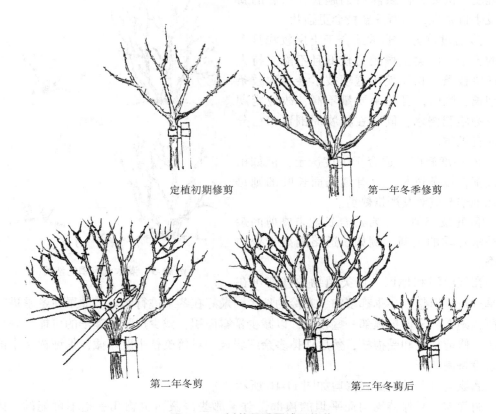

定植初期修剪　　　　　　　　　　　　　第一年冬季修剪

第二年冬剪　　　　　　　　　　　　　第三年冬剪后

图 11-11　树状月季圆球形修剪

11.1.2　观果类花木的修剪

　　很多观果类花木实际上既观花，又观果，所以其修剪时间及方法与早春开花的种类基本相同，所不同的是，要注意疏除过密枝，利于通风透光，既减少病虫害滋生，又使果实着色好，提高观赏效果。

　　有些姿态优美的观赏樱桃、海棠类和李等很少修剪，因为过量修剪会产生许多徒长枝，并很快布满整个树冠，导致树体衰弱。这些树修剪时，通常是先剪掉所有枯枝、伤残枝，然后再考虑是否真的需要剪掉其他枝条。剪去的活组织总量不要超过10%～15%，这就意味着不能剪去所有的交叉枝。主枝和主干内膛要尽可能多留下小枝条，利于多开花。正确的疏剪方法是修剪后树枝虽然较剪前有所减少，但树冠内仍布满枝条。根部、嫁接砧木上及树干下部萌发的萌蘖枝要疏除。图11-12示意了贴梗海棠的冬剪。

观果类花木的花后一般不做短截，但为了使果大、果丰，往往在夏季采用环剥、缚缢或疏花、疏果等技术措施。对于'草莓果冻'海棠等结实率高、"大小年"现象严重的品种，要注意在"大年"（即结果多的年份）适当疏花、疏果，加强土肥水管理。'草莓果冻'海棠整形可整成有中干疏散形树形，篱架形树形，如U字形、双U字形、叉形、肋骨形、扇形等树形（图11-13）。

图11-12　贴梗海棠的修剪

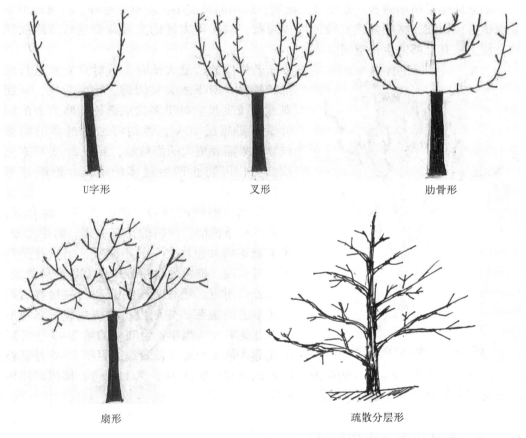

U字形　　　　叉形　　　　肋骨形

扇形　　　　疏散分层形

图11-13　'草莓果冻'海棠整形

园林中果树的修剪除了前面一部分讲的对观赏樱桃的修剪所要注意的事项以外，还要考虑下面一些问题。

观果树整剪，首先确定选用何种树形，如苹果既可疏散分层形，如图11-13所示，该树形体量大，还有扇形，适合在墙壁一侧；此外，还有葡匐形、U字形、标准形。

一旦决定树体结构的大主枝确立并在树体结构中占优势后，可每年对这些主枝进行1~2次修剪。若修剪次数太少，而每次的修剪量太大，将会产生过多的萌蘖枝。此外，当枝条过密时，对树冠进行常规疏剪。

把直立枝条回缩到水平分枝处，保持树冠的中心开展，阳光能照到内膛，有利于树木开花繁茂，果实鲜艳，也有助于枝条低矮，果实易于采摘。如果需要的修剪量大于10%，最好分两年修剪。在休眠期晚期进行修剪，可以减少萌蘖枝的产生，利于伤口愈合。

在夏季从树冠边缘疏去一些新枝，可使苹果等果树的果实颜色更鲜艳，但果实会变小。一次疏枝不要太多，否则枝条将会遭受日灼伤害。而从柑橘树冠边缘疏剪小枝，却可使果实更大，色彩更鲜艳，但果实数量减少。疏除掉部分幼果会使留下的果实更大。

如果成年果树不修剪，常会枝条浓密，结出的果实小，质量也不好。对树冠可以采取疏剪或回缩，将旺盛直立枝回缩或短截，对挨得太近的大枝条要进行疏除或回缩，使主枝有足够的生长空间。

图11-14　柿树的修剪（树形）

若果树的产量太低时，可对直立枝进行疏除或短截，对下垂大枝回缩，抬高角度，从而刺激新枝生长。对于多数成熟树，修剪去的绿叶量不要超过10%，否则将滋生过多的萌蘖枝。如果需要更大的修剪量，要分2~3年来完成修剪，以防止产生过多的萌蘖，影响修剪效果。

柑橘、柿树的修剪：柿的花芽为混合芽，花芽在枝条顶部。柿树的芽有主芽、副芽之分，副芽被芽鳞片包埋，一般不萌发，当主芽受伤时便可萌发。柿树的隐芽寿命长而且容易萌发。大枝锯口附近、粗枝见直射光和弱枝短截后副芽所形成的隐芽是先萌发；壮枝短截后弱芽所成隐芽先萌发。当年抽生旺枝的第2~3个芽形成花芽，休眠季对旺枝短截，翌年5~6月旺枝基部花芽开花结果，6~9月新生的旺枝形成花芽（图11-14、图11-15）。柿树常用树形有变则主干形自然开心形及疏散分层形。

11.1.3　观枝皮类花灌木的修剪

观枝干类树木，有的老干美丽，有的嫩枝俏丽，这两类修剪要求不同。

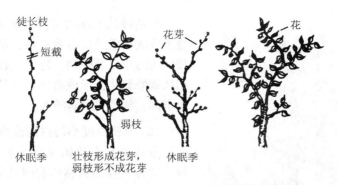

图 11-15　柿树开花枝修剪：在当年生壮枝的第 2、3 芽形成花芽

(1) 观老枝、老干色彩的花木

如山桃、白皮松等老干颜色艳丽可爱，具有观赏价值，这一类花木的多年生枝要尽量少回缩。

(2) 观 1 年生枝的花木

如红瑞木、金枝槐等花木的 1 年生枝色彩美丽，有观赏价值，而多年生枝的观赏性降低。对这类树木的修剪，一是采用重修剪的方式，促发 1 年生枝；二是为了延长 1 年生枝干的观赏时间，往往在早春新叶萌动前重修剪，同时还需要逐步去掉老干，不断地进行更新，切记不要在冬季修剪，以利在漫长的冬季充分发挥观赏作用。

11.1.4　观形类灌木的修剪

观形类分为自然形和规则形，那些人工修剪而成的规则式树形将在特殊造型一章讲，这里只讲在树木的自然形基础上适当修剪而成的树形。

(1) 伞形（枝条下垂形）**树的修剪**

这类花木有垂枝桃、垂枝梅、垂枝杨、垂枝榆、龙爪槐、垂枝桦、垂枝水青冈、垂柳、垂枝丁香、垂枝冬青、垂枝槭树、垂枝云杉等垂枝型的品种，更长的时间是观其潇洒飘逸的树形，而且有的可以观其花之美。当垂枝型树的主干不高或不修剪时枝条将垂到地上。园林中一般留一个直立的主干，树冠整形时一般为伞形，或多层伞形，短截修剪时一般剪口芽留上芽，不留下芽。如图 11-16 龙爪槐的整形修剪。

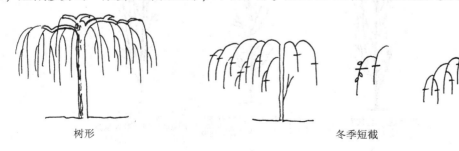

树形　　　　　　　　　　　　　　　冬季短截

图 11-16　龙爪槐整形修剪

图11-17　圆柱形树形

有的枝条下垂的树，如垂枝金合欢，除了有下垂的枝条外还有直立枝，从主干长出下垂枝。为防止以后劈裂，建议在枝条形成时就采用从属修剪法，形成有中央领导干的树形，树体牢固，枝条不影响游人。

（2）分枝角度小的树的修剪

分枝角度小的树又称为枝条直立性强的树，这种习性的树整形有圆柱形（图11-17）和花瓶形两种树形。如果早年自然生长容易形成多主干形，通过修剪可形成圆柱形的树形。随着树龄增加，树冠下部或中部的枝条会日益长大。有一些成为带有内含皮的共有主干。尽管有内含皮，只要枝条不太粗，不向树冠外扩张，树木仍是安全的。一旦有内含皮的枝条长粗和扩展，冬天将会积聚冰和雪，树冠有倒下的危险。如果随着树木生长，定期对直立枝进行从属性修剪，控制枝条粗度，对树干来讲是安全的。

如果幼年的时候就对共同控制干进行控制性修剪，将会形成安全、美观的树形。当对中年树进行修剪时，如果首次修剪量太大，将会造成树冠畸形。应分多次修剪、每次减小修剪量，避免树冠内太空。

图11-18 圆柱形的树有许多细小的直立枝，很难修剪，因为树冠的空当很明显（图11-18A），如果在树木幼年的时候，对几个较大的直立枝进行修剪更有意义（图11-18B、C）。

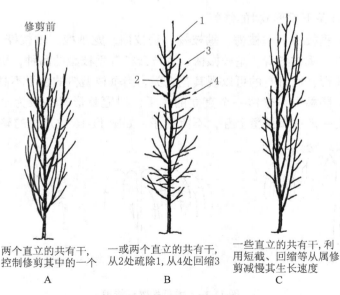

两个直立的共有干，控制修剪其中的一个　A

一或两个直立的共有干，从2处疏除1，从4处回缩3　B

一些直立的共有干，利用短截、回缩等从属修剪减慢其生长速度　C

图11-18　圆柱形树形修剪方式

11.1.5　观叶类花灌木的修剪

很多树木的叶片有观赏价值。一般树叶通常为绿色，而不同于绿色的叫异色叶。其中又分为春色叶、秋色叶、变色叶、常年异色叶等类。

(1)春色叶树种

如元宝枫、栾树(图11-19)、石楠等的春色叶为红色，非常漂亮，具有一定的观赏价值。为利用春色叶，可以采取摘叶方式促发春色叶，形成景观。如岭南派盆景特点中有"脱衣换锦、一展三变"之特色，这里的"脱衣换锦"实际就是通过在展览前摘去老叶片，促发新叶片，以观赏新叶或花，展现春景，这是观春叶的最好例证。

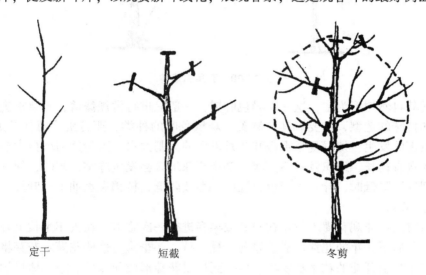

定干　　　　短截　　　　冬剪

图11-19　栾树修剪

(2)观秋色叶树种

如火炬树、黄栌、五角枫等很多树木，秋天叶子变红色或黄色，属于观秋色叶(老叶)的类型。这类花木的整形修剪要使树冠光照充足，通风透光，防止叶部病害的发生(图11-20)。

(3)变色叶树种

如紫叶碧桃就是变色叶类型，早春叶片全为紫红色，而到夏天只有嫩梢上的叶为紫红色，其他部分的叶片为暗柴色，秋天又变为绿色。变色叶树种中，以观春色叶(嫩叶)为主的树种，可以通过勤修剪延长观赏效果，但是晚夏以后就不要再修剪，以防冻害发生。

(4)常年异色叶树种

还有一些品种，全年叶片为紫色、红色、黄色、花叶等，如紫叶李、紫叶小檗、红枫、金叶女贞、金叶黄杨、金脉连翘、金叶连翘、金叶莸等。这些树种有的做成色带，如紫叶小檗、金叶女贞、金叶黄杨，这类灌木按绿篱来修剪；另外如红枫、紫叶

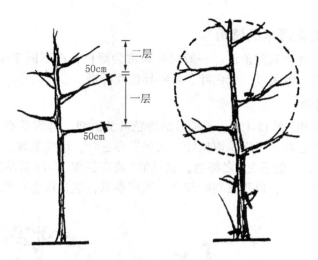

图 11-20 五角枫修剪

李，以观其自然树形为主，这一类异色叶树，一般只进行常规修剪，不要求进行细致的修剪和特殊的造型，主要观其自然美。观秋色叶的种类，要特别注意保叶的工作，防止病虫害的发生，切忌夏季重截和 7 月以后的大肥大水。因为这两种技术措施都会造成树木贪青徒长，组织发育不充实，冬季严寒地区会发生冻害；同时，使叶子生长过旺，到气温降低时，叶片不变色，温度再继续降低，枝梢失水抽干，叶片干枯在枝梢上经冬不落。

修剪时间：非观花灌木每年在晚冬或早春进行一次修剪。在去年生枝上开花灌木应当在开花后下一年的花芽形成前修剪。夏、秋、冬季修剪这些花灌木花芽将会被剪掉。当年生枝上开花的花木从晚冬、春季到早夏花芽形成前修剪。减小体量的重剪应当在晚冬、早春进行。在晚夏和秋季不能重修剪，否则可能会刺激生长，萌生的新枝会受早霜冻的影响。

11.2 满足特殊要求时灌木的修剪

11.2.1 灌木的更新复壮

为了保持灌木的活力或减少灌木枝叶密度，应在晚冬或初春没有霜冻危害时对灌木进行疏剪(图 11-21)。首先疏去枯死枝，然后把 1/3 的较老枝保留 10cm 左右截去，还有 1/3 的老枝截去 10~14cm，剩下的 1/3 枝甩放。老树或不健康的灌木要轻剪。

注意：当仅对 1/3 的老枝干疏除时，不要损害邻近的幼嫩健壮枝。很多年青的灌木通常采用此法修剪。

将植物修剪到离地 5~10cm 处称为平茬。很多灌木的更新常用平茬。平茬也是某些乔木的养干手段(苗圃中养干)。

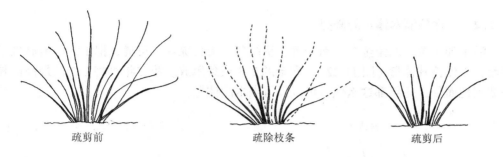

图 11-21　灌木的更新复壮修剪

11.2.2　保持和减少花灌木体量的修剪

11.2.2.1　减少花灌木体量的修剪

平茬　每年都将枝条截到接近地面处的同一个位置，这样在这个位置处会形成一个突起组织，里面富含淀粉、枝领和愈伤组织，平茬时一定不能损伤或超过这个位置。

截梢　也是为了控制树木的高度，每年截到同一个位置，每年截去的都是一年生枝，不要损伤这个截梢的头。截梢与平茬的不同之处是，截梢的位置离地面较高，其他与平茬基本一样。

截顶　为了缩小或保持树木体量，一律将树头在多年生枝处截去，这样做很容易造成树木衰退或腐烂，是不适当的修剪方法。

截顶与回缩也不完全一样，两者相同点是都截 2 年生枝，但截顶是为了截后形成一致的外貌，截口不一定在分枝处，而回缩截后外貌自然，截面在一个分枝处。截顶要更费工，但都可以控制树木的体量。

截梢与平茬二者都是控制植物高度的好方法。

锦带花属、鹅掌柴属、茉莉属、决明属、紫薇属、夹竹桃属、金合欢、黄栌、八角金盘、南天竹、八仙花、圆锥八仙花、棣棠、猬实、大花六道木、美丽胡枝子、厚皮香、炮仗花、红柳等都能平茬，但不是都能截梢。那些生出的许多小枝簇生在一起的树，很难进行截梢，所以常采用平茬。对小灌木通常进行平茬。

截梢通常对那些仅生出几个相对较大的主干或主枝的小乔木采用，例如梓树等树种如果不修剪能长成大灌木或乔木。每年的截梢都剪至同样位置，最后形成一个圆形突起物，叫截梢头。截梢头不能剪掉。截梢头可在地面或植株的某一高度处。截梢既能保持树的健康和活力，也能控制树木体量。

灌木通常采用平茬的方法。为了培育截梢头，修剪时要只比去年的修剪高度高 2～3cm。平茬使植物树冠一致，但也容易引起徒长。平茬通常在冬末初春新芽绽出前进行，修剪太早易引起冻害。年青灌木和从未进行过此类修剪的老树，只要它们在修剪后能生出新枝都能平茬。

11.2.2.2　保持灌木体量的修剪

灌木如小檗、八角金盘、南天竹、绣线菊、天目琼花，可通过把1/3的最高枝条平茬，以保持其体量（图11-22）。剩余的2/3枝条甩放。第二年再将1/3的最高的枝条截到地面处，每年都这么做，可以保持灌木的体量。

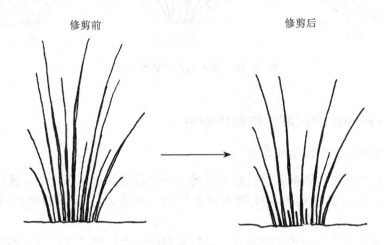

图 11-22　减少或保持灌木体量的修剪法

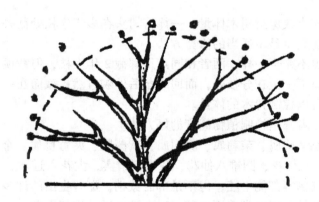

图 11-23　圆头形灌木保持体量的修剪

对大多数圆头形灌木来说，仅把树冠外缘最长枝剪掉15~60cm就可保持其高度和冠幅不变（图11-23）。对长满叶子的侧枝保留几厘米进行短截，可以把较大的枝条回缩到树冠内15~60cm的位置较小的分枝处。灌木内部的小枝条不要剪掉，它们将形成灌木外缘，这种修剪使灌木保持最初的外形和结构，较下部的枝叶因有了更多的光照而长得更繁茂。树冠比修剪前稀疏，但外形很自然。

11.2.2.3　绿篱的培育、修剪与更新

绿篱又称植篱、生篱。常见的绿篱形式分为规则式和自然式两类。规则式绿篱是

按照人们的需要，通过不断地修剪形成各种规则的、整齐的、艺术性的绿色墙垣。自然式绿篱外形自然。依绿篱的高度不同，可分为矮绿篱，高度控制在0.5m左右；中绿篱，高度约1m；高绿篱，高度达2～3m以上。构成绿篱的植物不同，则名称也随之改变，如用开花的花灌木(栀子花、米兰、七姐妹蔷薇等)作植篱，称为花篱；如用带刺的植物，如小檗、火棘、黄刺玫等作植篱，则称之为刺篱；作为防护性绿篱，还有用圆柏等作绿篱达到分隔景区的目的；此外，还在园林绿地中的"色带"与绿篱近似，也可以按规则绿篱来修剪。

(1)绿篱的培育

矮篱培育要从最小植株开始。要选那些又矮又粗的植株，不选又高又细的植株，一般株距5～13cm，通常是大叶子的灌木比小叶子灌木种植密度要小些。栽植后的前1～2年的首要任务是增加植株的宽度。如果植株基部没有长出足够的枝条，在栽种时或生长季的前几周，要根据设计的绿篱高度来修剪(有的矮篱在离地15～30cm处短截)，为了促进绿篱下部枝条生长，从水平方向发出的新枝不要剪掉太多。植株下部的枝条不能疏除，如果剪掉这些下部枝条会从修剪处形成直立枝，将在树篱的下端留下缺口，形成"光腿"现象。

随着绿篱在前3年中的生长，当新生长的直立枝比上一次修剪时的高度又长了15～30cm时，应剪掉其长度的1/2。同样，下部的枝条，一般不要剪去，随着植株下部的填满，变得比顶部更宽(图11-24)。

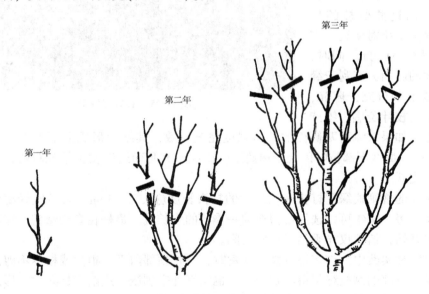

图11-24　绿篱的营造修剪

对于高篱，要防止下部枝叶干枯脱落。高篱种植后必须将顶部剪平，同时再将侧枝一律剪短，大大缩短营养的运输距离，也增强了各枝顶端对上行营养液的拉力，有利于养分向全树各部均匀分配，从而增加芽的萌发力，克服枝条下部"光腿"现象。每年在生长季均修剪一次，直至达到高篱要求为止。

（2）绿篱的维护

自然式绿篱的修剪可在任何时候进行，但在北方地区常绿阔叶绿篱的秋季修剪不得晚于白露节气之前，否则剪后萌发的新梢容易产生冻害。一般在春天新的生长开始前进行，剪后的空隙会很快填满。自然式绿篱的维护通过回缩，或仅对最长的枝条进行短截，在绿篱外缘向内的15~45cm短截，较短的枝条完整保留了下来，修剪后的绿篱外缘自然，对绿篱进行整形，使下部比上部宽，以便有足够的阳光照到下部的叶子上。

规则式绿篱的修剪，通常在生长季新枝开始变绿时进行。如果新长出的枝条不是太长、太乱，可等到植株生长变慢的时候再进行修剪。规则式绿篱的外形是几何图案，要利用人工或电动工具定期修剪（打头）维持形状，务必使下部比上部宽，以便有足够的阳光照到所有的叶子上。规则式绿篱正确的修剪方法，应先剪其两侧，使其侧面成一个斜面，两侧剪完，再剪平顶部，整个断面呈梯形。这样修剪，可使绿篱植株上、下各部枝条的顶端优势受损，刺激枝条再长新侧枝，而这些侧枝的位置，距离主干相对变近，有利于获得充足养分。同时，上小下大的斜面，有利于绿篱下部枝条获得充分阳光，从而使全树枝叶茂盛，维持

图11-25 长方形绿篱

美观外形。如果对绿篱两侧面的修剪强度完全一致，其断面形成上下垂直的长方形（图11-25），那么下部枝叶因处于树荫下，阳光不充足而逐渐发黄枯死脱落，最终造成下部光秃裸露。

对建成的规则式绿篱打头时，最后的打头长度应在2~3cm。为不使绿篱生长过高、过宽，每一两年可以选择修剪至前一季节的生长量。最好在春天修剪，那时新的生长即将开始，植株仅光秃很短一段时间。

当前园林实践中，许多地方修剪绿篱时，只将顶部剪平，很少或根本不剪两侧枝条，这样，下部的侧枝终年得不到阳光，也没有外来刺激，逐渐干枯死亡，形成基部光秃。从断面看，形成上大下小的倒梯形，景观效果很差。

花篱大都采用自然式，最好在花谢后进行修剪，这样既可防止大量结实和新梢徒长，又能促进花芽分化，为来年或下次开花做准备。但平时要做常规疏剪工作，将枯死枝、病虫枝、伸展过长过远扰乱树形的枝条全部剪除。

（3）绿篱的更新

大多数绿篱最终都将变得过大。对阔叶树绿篱的修复，在春天新梢生长开始之前，大约回缩到绿篱体量的一半大小。这种方法将显露出无叶或少叶的新枝。务必使较低处的枝条比顶部的枝条长，以便所有新叶接受到阳光。当新枝长到 10cm 长，然后再进行常规修剪，重整绿篱。对自然式绿篱修剪时，剪后的枝条要长短不齐，以保持开展自然的外形。对针叶树篱进行修剪时，要避免重剪，否则，大多数难以成活。

11.2.3　增加花灌木的枝叶密度，增加开花量的修剪

对树冠外缘嫩枝进行摘心，将增加健壮灌木的枝叶密度，但摘心不能增加老弱灌木的活力或密度。如果在新枝长到 15～30cm 长时进行摘心，很难看出灌木被修剪过。每年只对新枝摘心，将使植株长得更大，体积增长更快。这是一个保持树冠丰满又减缓生长速度的好方法。也可对 2 年生枝条进行短截，但会使树冠稍薄。修剪 2 年生枝时，截口在树冠里面，修剪的痕迹被隐藏起来，修剪过的树形就会更好看。

在合适的时候摘心可以增加花量。对于在当年生枝条上开花的树木，最好在春天和夏初进行摘心。在 2 年生枝上开花的树木，摘心的最佳时机在花后，摘心在增加开花量的同时会使花朵变小。

不同修剪措施优缺点的比较见表 11-2。

表 11-2　不同修剪措施优缺点的比较

措　施	优　　点	缺　　点
回　缩	受损后修复快	树形开展，不规则
	遭受人为破坏后空隙不明显	工人需要更多培训，投入更多时间
	需要的修剪周期长	规则式花园中很少应用
	外形更自然	
	易保持给定的体量	
打　头	看起来干净	要求频繁修剪
	经济省钱	外貌不自然
	不熟练的工人和没经验的园丁都容易学会	所有树叶都长在树冠外缘
		受损后空隙修复慢
		遭受人为破坏后空隙明显
		修剪周期短
		自然式花园中不能应用

11.2.4　把过量生长的灌木培养成小乔木

把过量生长的灌木培养成小乔木很容易（图 11-26）如丁香、蜡梅就可以这样做。首先确定要保留的最低枝，然后把最低枝以下所有的树枝从主干上疏除。当树冠过于稠密或树枝过长时，进行一些回缩就可以了。

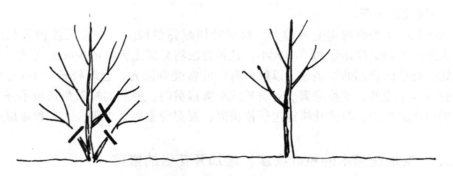

图 11-26　将过量生长的灌木较下部的枝条剪去变成小乔木

11.3　藤木类的修剪

观花藤木类的整形修剪要根据其生长发育习性(卷须、缠绕、吸盘、气根)和应用的方式进行。

11.3.1　棚架式

凡有卷须、吸盘或具有缠绕习性的植物，均可自行攀缘生长。不具备这些特性的藤蔓植物则要靠人工搭架引缚。棚架形式有长方形、方形、圆形、多边形、复合形等。

整形前，先建立坚固的棚架，然后在棚架边上种植藤本植物。树成活后，在地表处重截，促使其发出数条强壮的主蔓。主蔓伸长后，牵引于棚架的顶部，并使其侧蔓均匀地分布在架面上，很快就形成了荫棚(图 11-27)。修剪时将影响观赏的枝条剪去即可。

11.3.2　篱垣式

多用于卷须及缠绕类或蔓生性植物，如花旗藤、白玉棠等，因其枝条柔软、生长速度快，所以其枝条长度可任意取舍，生长方向可自由改变。定植 2~3 年后可基本成形。

图 11-27　棚架式

定植前，首先要设立支架或埋设混凝土支柱，拉上铅丝；或制作各种形式的木质透孔立架，将花木按一定株距栽在立架下面；根据设计好的图形格式，把原来的主枝牵引绑扎在立架上。若建立月季花墙，则将主枝呈放射形绑缚于支架上，并疏除其余的弱小枝条。修剪时尽量疏除 3 年生以上的老藤，保留 2 年生的壮藤，这样可以让出空间，不断补充新枝开花，植株体积也随之不断扩大，花开满架时，观赏效果非常好（图 11-28）。

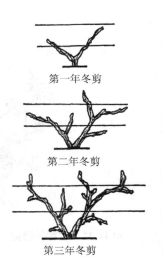

第一年冬剪

第二年冬剪

第三年冬剪

图 11-28　篱垣式

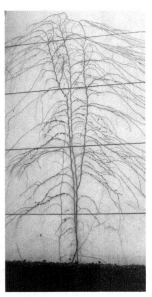

图 11-29　地锦的整形修剪

11.3.3　附壁式

此形式多用于吸附类植物，如地锦、常春藤、扶芳藤等。种植后，将其藤蔓引于墙面即可，其吸盘或吸附根逐渐布满墙面。修剪时主要用截、缩，促发其分枝，防止基部空虚；成形后进行常规疏剪。如图 11-29 所示，在修剪时注意枝蔓造型，会形成一个艺术画面，冬季落叶后很美观。

11.3.4　直立式

此形式主要用于茎蔓粗壮的种类，如紫藤等。修剪时对主蔓多次短截，将主蔓培养成直立的主干，使其形成直立的多干式的灌木丛（图 11-30、图 11-31）。

花树状

无用枝修剪

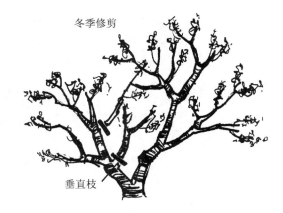

冬季修剪

垂直枝

图 11-30　紫藤的直立式修剪法

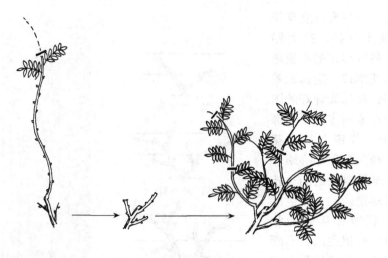

图 11-31　紫藤的修剪

思　考　题

1. 哪种修剪方法在灌木上留下的叶子最少？
2. 为什么圆球形修剪的灌木受到外来物体的砸压造成损害很容易看出来？
3. 为了控制灌木的体量，应该采用何种修剪方式更自然？
4. 长期保持植株低矮，要采用哪种修剪技术？
5. 什么时候最不宜对灌木进行重剪？
6. 请列出在老枝上开花的树及其修剪要点。
7. 列出在当年枝条上开花的树及其修剪要点。
8. 有两棵从未修剪过的灌木，对一棵进行打头修剪到一定的高度，另一棵进行回缩也修剪成同样的高度。对这两种技术作出评价，讨论二者的优缺点。

第 12 章
树木的特殊造型与修剪

[**本章提要**]主要讲述树木特殊造型常用的树种、树木造型的一般原理以及造型技法。

树木经搭架、绑扎、修剪养护即可创造出千姿百态、栩栩如生的艺术造型。这些造型优美的园林树木具有很高的观赏价值，给人们提供了文明、健康、舒适的工作与生活环境。造型树木既可以成为园林的主景，也可以是配景。

苗圃中树冠有损伤、树干弯曲、有缺陷，不能满足园林绿化要求的苗木，可以进行造型，综合利用苗木，提高苗木的经济价值。例如，对幼树的枝条进行蟠扎或盘结，做成树篱、拱门或隧道等形状，也可以修剪成动物、圆柱、圆球或其他造型。

有些乔木可以按灌木修剪，如槭树科、松科、朴属等许多树木，欧洲园林中常有这样的应用形式。

事物是一分为二的。树木造型，尤其是非自然式造型一般是违背树木生长发育规律的，总体来讲后期的养护修剪成本增高，对养护人员的美学要求也高，所以不宜大面积应用。

本章主要讲述常用的造型材料、造型原理、造型方法与养护等内容。

12.1　树木造型常用材料

树木造型材料主要包括树木材料和辅助材料。

园林树木艺术造型应选取那些萌芽力和生长能力强、分枝点低、结构紧密、耐修剪的树木种类。如松柏类、女贞类、冬青类、榕树类、紫薇类、黄杨类、银杏类等。

松柏类常用的有圆柏、刺柏、杜松、罗汉松、五针松、油松、黑松、金钱松等。

女贞类常用的有小叶女贞、女贞、小蜡等。

黄杨类有锦熟黄杨、小叶黄杨、雀舌黄杨等。

冬青类有龟甲冬青、波缘冬青、枸骨、无刺枸骨等。

卫矛类有大叶黄杨、扶芳藤、卫矛等。

火棘类有狭叶火棘、小丑火棘、火棘等。

其他有珊瑚树、含笑、南天竹、贴梗海棠、油茶、杜鹃花、对节白蜡、榔榆、紫薇、银杏、小叶榕、福建茶、九里香、叶子花等。

辅助材料包括搭架支撑的材料：如竹竿、树桩、钢筋、金属丝、PVC 管、泡沫塑料。绑扎固定材料：棕丝、铁丝、铜丝、铝丝、麻绳、塑料绳、尼龙绳等。

12.2　树木造型原理和设计程序

12.2.1　园林中树木造型的基本原理

(1)园林中树木造型与树木的配置环境相协调的原理

树木是造景的要素之一。树木造型一定要综合考虑园林环境的各个要素，也就是说，树木造型要与环境相协调，否则即使树木造型再漂亮，与环境不协调也是败笔。这个"协调"内容包括造型与园林风格是否协调，造型树木体量是否适宜，造型树木与背景色彩是否合适等诸多方面(图 12-1 ~ 图 12-4)。

图 12-1　"袋鼠"造型：在中原古城的城市街头开放绿地与环境不太协调

图 12-2　"双狮把门"造型：在一个景区的入口与环境协调

图 12-3　"二龙戏珠"：在有龙都之称的公园里做此造型符合配置环境

图 12-4　"百鸟朝凤"造型：在公园绿地里与环境协调

（2）树木造型必须遵循美学原理

造型树木可以说是有生命的绿色雕塑，既然是雕塑就要遵循雕塑美学中的比例与夸张、抽象与具象、对比与均衡等美学规律。建筑造型必须遵循建筑美学和科学的原则。几何造型必须符合几何的规律。造型方面要抓大轮廓，小细节可以忽略，否则事倍功半（图12-5）。

（3）树木造型必须遵循植物本身的特点

树木有的枝叶较大，不适合细致的

图12-5　羊吃草的造型，形体要符合动物的结构

造型与修剪，有的枝叶细小、生长缓慢、萌芽力强、耐修剪，可以精雕细刻。所以植物造型一般要抓大关系。要重视造型的动态变化，树木造型材料是有生命的材料，要注意成景后的比例关系。

12.2.2　树木造景、造型的一般程序

树木造景、造型一般包括设计、制作、养护3个阶段。养护阶段包括土肥水管理、修剪、病虫害防治等。

12.2.2.1　设计程序

设计程序包括前期调研、造型主题的确定、造型的初步构思和设计、绘制效果图、设计修改5个阶段。

（1）调研阶段

调研阶段包括自然环境分析、人文环境分析、区域功能分析等内容。

自然环境分析　要分析自然环境的特点，在此基础上选能适应当地气候、土壤等要求，适合造型需要的树种。最好是乡土树种，或已经证明能适应当地生长的外来树种。

人文环境分析　主要分析放置雕塑的地域群体的社会文化背景、生活习惯、需求方式和该地域的文脉。根据环境特点设计适当的造型。这一步很重要，对于树木造景来讲，如果造型与环境不协调，即使后面的造型再好，也不是好的造景作品。抽象的雕塑在文化品位高的地区很受欢迎，但是在儿童活动区域可能具象动物造型更受欢迎。再如建筑造型是做古典建筑还是做现代小品建筑，都受当地社会环境的影响。

区域功能分析　根据场所的性质看适合建筑造型、几何造型，还是动物造型。是休息性建筑，还是观赏性建筑。

（2）构思阶段

构思阶段主要从造型主题、位置、朝向、体量、材料和色彩、表现手法等几个方

面考虑。

造型主题的确定　要从环境的内容、功能出发，确定造型的主题，造型与环境要协调(见图 12-1、图 12-2)。

造型的位置与朝向　位置要纳入园林总体规划之中考虑，不能随意确定位置。要看地形和周围其他景物的大小、出入口位置、主观赏面、光照情况、风力情况、地势高低等情况。

造型植物的体量　空间环境大的地方可以适当大一些，空间环境狭窄体量要小一些。

材料色彩的确定　根据环境的背景，确定造型树木的材料色彩和质感表现。背景与造型之间要有一定的对比。环境背景杂乱的造型可以较简洁，颜色较鲜明；在背景单纯的环境中一定要考虑造型与背景的影响问题。另外，要考虑游客摄影的需要，造型间不能相互干扰。

造型表现手法的确定　根据环境的风格确定手法。在历史文化传统区域宜采用传统手法造型。

(3) 设计和画图

造型设计不仅是一个造型师的创作过程，还是一个与业主等多方沟通的过程。所以不仅要自己设计，还要表现出来与大家交流，获得通过后才能开始制作。画图要画出平面图、立面图、效果图。如果可能做出模型更好。

(4) 设计修改

在各方讨论的基础上，修改完成正图。

12.2.2.2　树木造型工序

创作阶段包括选树种和材料、搭架、种植与绑扎、修剪。

(1) 选材

根据造型要求选择适当的苗木。根据造型大小选适当体量的苗木。再根据苗木大小选辅助材料。

(2) 搭架

根据造型要求，确定是采取诱导法还是采取嵌入法，选取相应辅助材料搭架。

(3) 种植与绑扎

要根据平面设计图种植树木，然后采取绑扎牵引等方法将树木固定在架上。

(4) 修剪

主要是采取变、伤、截、放和疏等手法进行造型。

12.2.2.3　养护阶段

养护阶段主要是土肥水管理、病虫害防治、整形修剪等。

12.3　常见的树木造型

12.3.1　动物造型

动物造型应该在适合动物存在的生态环境和艺术环境中。如果环境不合适，造型本身再精致，也不能算是好的景观。现择几例加以说明。

12.3.1.1　鸟的嵌入式整形修剪法

选两株与设计形态相似的圆柏幼树，按设计的平面位置和立面效果，斜着栽入土中，用铁丝绕成动物形态的骨架，再用细铁丝牵引树木的枝条向空框中伸展，引导其生长，为增加枝叶密度，对枝条短截，促发新枝。鸟的造型完成后，随着树木生长，会有新的枝条不断从框中伸展出来，应随时修剪掉长到轮廓以外的枝条。当动物身体某一部位枝条枯死后可以将附近的枝条牵引过来。

12.3.1.2　孔雀的绑扎法造型

孔雀开屏是人们喜欢看到的景观（图12-6）。首先观察环境，选择适合孔雀开屏的环境，确定造型树木的位置。接下来要研究孔雀的结构和开屏的最佳姿态，进行深入研究之后，在纸上先绘出轮廓图。然后开始选树，开屏需要枝叶密集的树木，根据立意要求，选一株健壮的圆柏，树高和冠幅要大于设计造型的体量。按设计将圆柏栽好，清理树体，将枯死枝去掉。接下来开始造型：

（1）总体布局

按照设计，在树干上进行孔雀的布局，树的主干的上半部可作为孔雀所开的屏，下部主干作为孔雀的身、腿和基座。前部的主枝作为孔雀的头。先在主干两边150cm处分别打一木桩，用适当粗度的铁丝将较大枝条拉成与中干成45°的倾斜角，固定在打好的木桩上，注意用铁丝捆绑枝条时，要用木片或废布包住枝干，以免伤害树体。

图12-6　孔雀开屏造型

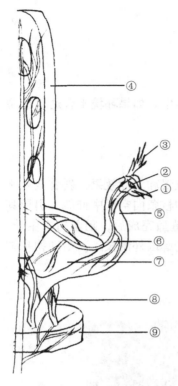

**图 12-7　孔雀绑扎造型
侧面结构示意图**

（2）细部造型方法（图 12-7）

① 头部

嘴　由上喙和下喙等组成。用铁丝捏成一个形状如"V"字形骨架，绑扎在作孔雀头部的枝条顶端向下适当的位置，作为孔雀的上喙，上喙中间要求要有一定宽度，拉出较长枝条用铁丝绑扎在上喙骨架上。下喙的绑扎方法同上喙一样，只是比上喙略短，喙略呈张开状，用 16 号铁丝从孔雀喉中拉出舌的骨架，用铁丝绑枝条于舌骨架上，如图 12-7①所示。

眼睛　用铁丝捏出两只眼睛，两眼间的弧线距离、眼与鼻孔距离要适当，绑扎时眼要略高出鼻孔。眼上方与脸成斜坡状。脸部枝条绑扎时一定要均匀，大枝在内，小枝在外，以便绑扎的细致美观，如图 12-7②所示。

头冠　孔雀头冠用铁丝作骨架，拉出枝条用细铁丝绑扎。然后将脑后枝条相互搭配均匀，按头的轮廓如图 12-7③所示。

② 脖子　用长铁丝作骨架，缠绕在孔雀脑壳下端树体的主干上，然后从脑壳下端慢慢拉出枝条绑扎出脖子，向下慢慢弯曲。如图 12-7④所示。

③ 翅膀　在脖子下端，用铁丝捏出孔雀两只对称的翅膀骨架，固定好。拉出枝条用铁丝绑扎。如图 12-7⑥所示。

④ 腿和爪　用铁丝从中间捆绑在翅膀下面中间的主干上，作为孔雀的两条腿和爪，然后绑扎枝条。如图 12-7⑧所示。

⑤ 身子　身宽、身长、腰围要符合美学要求，两头稍细一点，拉出枝条用细铁丝绑扎，同样是大枝在内，小枝在外，细致均匀绑扎。如图 12-7⑦所示。

⑥ 尾巴　以树体中间的主干为中心，用竹劈和竹竿作骨架，绑扎出孔雀开屏的形状如图。拉出枝条用铁丝绑扎在孔雀开屏的架上。如图 12-7④和图 12-8 所示。

⑦ 孔雀踩石台　从地面向上适当位置处绑出 1 个台，用粗的枝条绑扎成，呈长方体状，最后拉出枝条用细铁丝绑扎均匀，修剪。如图 12-7⑨、图 12-9 所示。

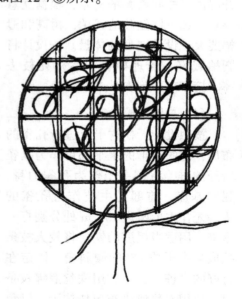

图 12-8　孔雀尾巴造型结构示意图

12.3.1.3　鸟的造型

黄杨枝叶细小，耐修剪，生长慢，寿命长，可以制作成各种动物造型。现以小叶黄杨为例，制作在灌木基座上修剪一只高50cm的恋巢鸟造型（图12-10）的步骤如下：

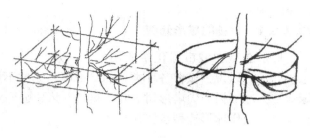

图12-9　孔雀踩石台

① 选择两棵灌木状的小叶黄杨斜着栽在一起，高约45cm，最好没有主干。

② 夏初，开始修剪基座，即将植株的底部的萌条去除，下部占整体的1/4去除叶片做成鸟足。

③ 制作鸟足的同时，开始鸟体制作，首先确定从哪些枝条开始形成头和尾，然后剪除过多生长的部分。为了使选定的枝条能按照预定的角度伸展，可以绑扎两根小木棒，将枝条用铁丝固定在小木棒上。

④ 在同年夏天，再次修剪鸟足和鸟体部分，要求修剪出圆顶形的鸟头雏形，其上预留一些斜向上的作为鸟喙的枝条，同时沿小棒修剪成为鸟尾。检查铁丝，如果过紧则应当解松一些。

⑤ 以后定期修剪和松绑铁丝。一旦枝条达到预定位置，鸟喙和鸟尾基本成形，应将小木棒取出。

总体来讲，动物造型应重点把握动物的比例关系，着重大轮廓，对细节问题不要面面俱到，尤其是小于2cm的细部很难表达出来，可以省去，但是个别重点部位要重点雕塑（即画龙点睛），可以适当放大，其他地方不要过分强调，否则日后的养护会很困难。

斜着栽在一起的两棵黄杨

做出鸟足，扎出鸟身搭架诱导

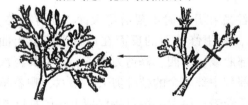

摘心：将架以外下方的枝条摘心

成型后随型修剪

图12-10　鸟造型结构图

12.3.2　几何形体的造型与修剪

这种树形整剪必须遵照几何形体构成规律进行，如果要把树冠整剪成圆球形，就必须先定出半径长度及圆心的位置才好动剪刀，大体量是由小体量逐渐长成的，换言之大体量是由小的逐渐叠加成的。

12.3.2.1 黄杨的球形修剪

球形造型在城市绿化中应用颇广，效果很好。可以说，城市各种类型的绿地中，无球不成景（图12-11）。尤其在规则式的绿地中，球形树与尖塔形树冠互为衬托，形成强烈对比，产生诱人的美感。以锦熟黄杨为例，制作球形造型步骤如下：

图 12-11　自然圆头形修剪：在日本枯山水庭院修剪适当

① 根据需要的黄杨球大小（如30cm高的球），选生长密实匀称，未经修剪的锦熟黄杨作材料，材料要比预想的球高大5～10cm。

② 仔细观察，估计修剪的次数，因为大球是由小球逐渐叠加而成的，一般第一次确定的球体不宜太大。

③ 一般在初夏修剪，可按照以下几步进行：

第一，按直径的大小剪出一条水平带，注意在开始时不要剪得太深，如有必要，可以进一步修剪；第二，将修剪刀翻转过来，利用修剪刀的反面在植株上修剪出曲线；第三，修剪植株的顶部，确定球形的上部曲线；第四，修剪刀朝下，并将其再次翻转，使其正面靠向植株；第五，将植株顶部和中部多余的枝叶剪去；第六，顺着植株上半部的形状，将植株下半部的枝叶修剪至地表；第七，用手将修剪下来的枝叶扫掉；第八，围绕黄杨球，来回审视修剪成的球形，并退后几步，看看球形是否对称。修剪过程中若造成球形的表面有缺口，特别是上部，可等待新的枝叶长出后进行填补；第九，第二年夏天再修剪一到两次，时间是夏中或夏末。

经过以上各步，即可将一棵黄杨造型成高约30cm的球形（图12-12）。

12.3.2.2 黄杨的螺旋体修剪

螺旋体给人一种积极向上，富于幻想，生机勃勃和充满柔情的动感，深受人们的喜爱（图12-13）。

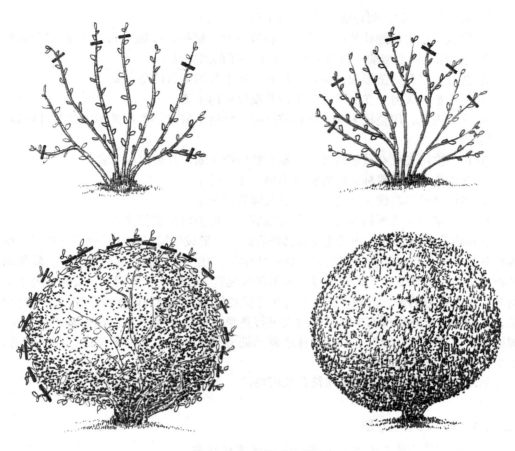

图 12-12　黄杨球的造型

图 12-13　黄杨螺旋体造型

以锦熟黄杨为例，制作螺旋体造型的步骤如下：

① 选取一棵生长健壮的锦熟黄杨，顶枝直立、挺拔，高约 1.2m，已被修剪成锥体。在进行螺旋体造型前，该植株至少要有一年的适应期。

② 初夏，在开始整形前，用宽皮尺在黄杨上呈螺旋状的绕 4 圈。

③ 利用整枝大剪刀在黄杨锥体上沿着皮尺剪出小道。

④ 拿走皮尺，用整枝大剪刀将顶枝剪掉，然后沿着已经剪出的标志将枝叶剪掉，露出树干。

⑤ 再一次用皮尺在黄杨锥体上呈螺旋状的绕 4 圈，并剪出标志线。

⑥ 拿走皮尺，沿着标志线将枝叶剪掉，露出树干。

⑦ 利用修剪刀将螺旋转弯处的上下表面修剪平整。

⑧ 接下来每年的夏初和夏末，利用修剪刀对造型植株进行修剪。

制作螺旋体造型时，所用的植株必须有健壮、挺拔的树干，并且要发育良好。螺旋转弯处不能挨得太近，否则会影响枝叶的生长。在首次完成螺旋体造型后，新长出的枝叶中总会出现缺口，转弯处看起来不那么规整。尽管由于遮阴，螺旋转弯处下方的叶片没有上方的多，但新生的枝叶会填充这些缺口，定期的修剪也会促进枝叶的生长。在幼树尚未达到预期高度时就对其进行整形，但必须要留下顶枝让其继续生长。螺旋体造型要求精心养护。一旦植株达到预期的高度，在生长季节要进行两次修剪，至少在头两年里应该如此。

总之，几何形体的造型必须符合几何规律。

12.3.3　建筑式的造型

园林建筑是园林中重要的造园要素，建筑材料古代多用木结构、砖结构，而现代多用不锈钢、钢筋混凝土、仿木结构等材料。用活的树木作为造景材料做出园林小品建筑，可以作为重要的主景或观景点，同时还具有生态效益，是人工美、艺术美、自然美的结合。

塔是中国传统园林建筑形式之一，园林树木通过整形修剪可形成塔的造型。

12.3.3.1　圆柏造型树

（1）选苗栽树

选健壮的圆柏一株，高 2.5m，冠径 2m，栽于规划好的地点，清理树体(图 12-14)。

（2）造型方法

① 用 16 号铁丝把事先准备好的竹竿小段(3cm 粗、65cm 长)若干根，以每段中间点为中心，呈放射状均匀固定在距地面 50cm 处的主干上，再用 10 号铁丝将放射

图 12-14　圆柏塔状造型实景

状主干的每个头连接固定成为 1 个圆圈（直径 65cm），作为塔第一层的骨架，用 21 号铁丝将骨架周围的枝条搭配均匀，绑扎在骨架上，如图 12-15 所示。

② 从第一层骨架向上 50cm 处，用同样方法制作出第二层骨架，只是第二层圆圈的直径比第一层小 15cm 左右（图 12-16）。

③ 依此类推。塔的每层间距相同，每一层直径大小不一样，越向树顶直径越小。层间距也由造型者根据构图定。不一定都是 15cm。直径大小也可变化，随树冠大小而变。

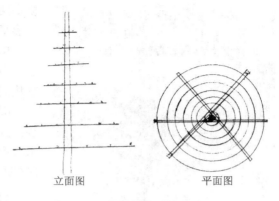

图 12-15　圆柏塔状造型步骤一

④ 树的最顶端留 40～50cm 的头不动，让树体继续向上生长（图 12-17、图 12-18），如果去掉树的顶端，株高将不变。

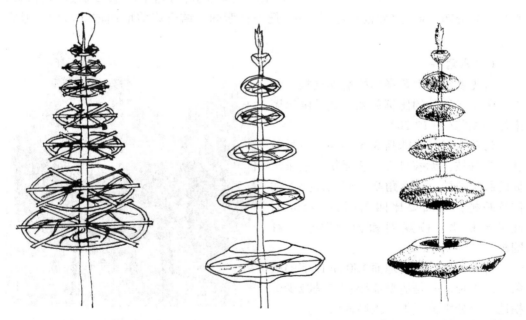

图 12-16　圆柏塔状造型步骤二　图 12-17　圆柏塔状造型步骤三　图 12-18　圆柏塔状造型步骤四

12.3.3.2　亭子造型

亭子是一种具有悠久历史的建筑。在隋朝以前，亭多是为了某种功能需要而设置的一种单体建筑，其后逐渐变为观赏游览性建筑，现在亭已经成为园林中不可缺少的游览配景，几乎是"无园不亭"。

"亭者停也"。既让游客可以停下来休息观景，而其本身又是一个景点。园林中的亭，一般多是供游人观赏、乘凉小憩的凉亭。凉亭的基本形式可以分为单檐亭和重

图 12-19　圆亭的造型

檐亭两大类。每一类又分为多角亭、圆形亭、异形亭和组合亭等。

单檐亭是指只有一层的亭子，它体态轻盈，布置灵活，应用广泛。将树木造型成单檐亭从制作到养护都比较容易。

圆形亭中有一类只有一个柱子的，叫独柱亭；其顶为圆形，状若蘑菇者叫蘑菇亭。将树木造型成蘑菇亭最容易。蘑菇亭在草地上很自然（图 12-19）。

（1）一柱亭的造型

根据设计，将选好的适当高度的圆柏栽种在合适的位置，树干下部的枝条逐步疏除，在设计的亭顶高度位置处搭一圆架，将上部的大枝条向该架牵引，其上的小枝要通过牵引达到水平均匀分布，通过"寸枝三弯"的方法把小枝弯曲，结合修剪增加枝叶密度，形成亭顶。

（2）六角亭

首先要掌握六角亭的构造和结构，懂得六角亭各部件的比例关系，然后画出图来按图施艺（图 12-20）。

选苗栽树　选株高 3.5～4m，生长健壮，多分枝，无病虫害，茎无伤，枝条柔韧的圆柏 6 株。按六角亭平面设计要求的位置栽植，地面要比四周高 20～50cm，确保不积水。按规划和种植要求栽种圆柏。

清理树体　将离地面150cm以下的枝条全部去掉。一是造型需要；二是减少圆柏地上部分水分损失，提高成活率。

图 12-20　六角亭子造型：必须符合亭子的结构和构造要求

搭架　圆柏成活后的第二年冬天至春天开始搭架。在圆柏树干高 180cm 处，用铁丝对角绑 3 根 5cm 粗的竹竿。凡绑铁丝的地方用木片或旧布作衬垫包好，不伤树皮（图 12-21）。

在 6 根竹竿的相交点即 6 棵树的正中间，用铁丝绑 6～8cm 粗、400cm 长的竹竿，作为亭盖的中间柱，便于亭的顶部施工。

在圆柏距地面 160cm 和 180cm 的树干上，分别用 16 号铁丝及约 5cm 粗、160cm 长的竹竿，将相邻的两棵树连起来，6 根竹竿围树一周（图 12-22）。

图 12-21　亭子造型立面

图 12-22　亭子造型透视

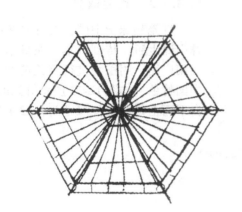

图 12-23　亭子造型顶部结构

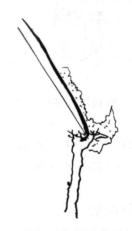

图 12-24　亭子翘角绑扎

(3) 亭顶骨架

在每棵圆柏的树干上绑竹竿。用 16 号铁丝，一头固定在 180cm 高的树干上，另一头固定在 6 棵树正中间距离地面 320cm 高的竹竿上端，形成的屋顶坡面坡度要一样，每根竹竿粗 5cm、长 250cm（图 12-23）。

再用 10 号铁丝把每棵树干顺着绑的竹竿拉弯，固定在竹竿上。

用竹篾在每棵树的中间，有坡面的竹竿上，横竖绑成网架，网格 30cm 见方，绑网架时要注意坡度。

在每棵树 180cm 高的树干上，竹竿再向外伸出 50cm。

在竹竿的周围按角度用 16 号铁丝绑起亭的外沿。

在每棵树干的 185cm 处，用 50cm 长的竹劈 3 根，绑成三角形，固定在圆柏 185cm 高的树干上，为亭翘角骨架（图 12-24）。翘角要低而缓，显得舒展、持重。

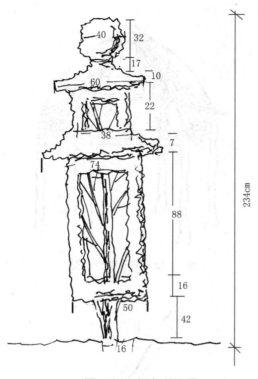

图 12-25　石灯笼实景

（4）绑扎造型

六角亭的骨架绑成后，用 3 号铁丝绑大枝条于骨架上，注意骨架边沿和枝条的分布，做到均匀，没有空缺或凹陷。大枝固定后理顺小枝，分布要均匀，然后用细铁丝固定在骨架上，绑扎要美观而不露骨架。

（5）亭顶尖

搭梯子在亭正中间，距地面 320cm 处，往上起 50cm，用竹劈和粗铁丝绑成 20cm 高，平面直径为 30cm 的圆柱形，在圆柱形的上边再起平面直径 30cm、高 30cm 的圆柱体为亭攒尖顶。

12.3.3.3　灯笼造型

灯笼起源于中国，石灯笼在中国园林中诞生后，传到日本，在日本园林中应用广泛。用植物进行灯笼造型，很富中国特色。如图 12-25 所示灯笼的高度：自下而上每个部位尺寸为：42 + 16 + 88 + 7 + 20（22）+ 10 + 17 + 32（cm）。

宽度：16 + 50 + 50 + 74 + 38 + 60 + 40（cm）。

12.3.4　屏扇形

屏扇形造型常用的树种有紫薇、银杏、贴梗海棠、蜡梅等。

屏扇形蜡梅是河南鄢陵花农常用的一种方法，现介绍如下：

对嫁接成活后的蜡梅，第一年重剪，使下部生出多数分枝，然后留取 1 对粗壮的枝条继续培养，其余的于夏季短截控制生长。第二年冬，对选留的 2 个壮枝再进行重截，次年再各留 1 对与上年枝条处于同一平面的重叠枝，其余方向侧枝可全部剪除。第三年冬，对 4 个壮枝不再修剪，以备第四年蟠扎造型。造型时间在 3~4 月间，当芽刚萌动时进行。如过早，芽未萌动，经动刀后就不易发芽；过晚则芽已长大，易损坏。

动刀法可分成滚刀法和龙刀法（图 12-26）。滚刀是使主枝螺旋上升，每 3 刀绕成 1 圈，愈向上，各刀之间的距离逐渐缩短。龙刀是使枝干在一个平面上变化，在枝干相对的两边各刻 1 刀或 2 刀，使枝干左拐右弯，同侧之间的距离，也要越向上越小。刀刻枝干时，刀口应由上向中心下方斜向切入，深度约达枝干直径的 2/3，然后小心地用手把它弯折（不要折断），巧妙利用在切口弯折处裂开的木质部的尖顶住，就不

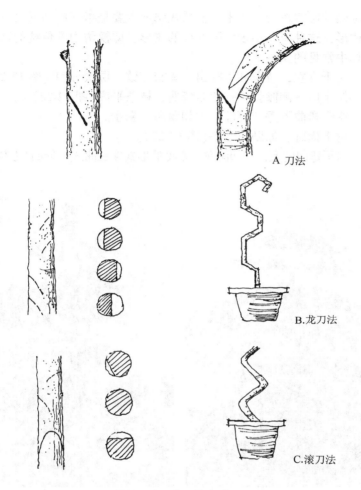

A 刀法

B.龙刀法

C.滚刀法

图 12-26　动刀的方法

会恢复原状。最后用立杆扶住，用绳绑好，再把各枝条的顶梢全部捏成朝下状（图 12-26）。

这样可使树形更为美观，还可削弱顶梢的生长势。切口要涂泥。在 1 个月内，泥不要去掉，掉了要补上。基本骨架到此形成。到 5～6 月，再对新枝捏形。这时枝软，不易扭断，故无需动刀。只要用手扭一下，使枝顶朝下即可，为不使恢复原状，可用叶片基部互相卡住。要注意将新枝填补空间，对过强枝还要事先摘心。

为保持捏成的形状，要经常修剪，独干式采用滚刀法盘扎主干，将侧枝平卧盘扎；多干式则用龙刀法（图 12-26）。

12.3.5　盆景式的修剪

盆景，是在盆栽石玩基础上发展起来、在盆内表现自然风景并借以表达作者思想感情的艺术品。简言之，盆景即盆内的风景。盆景发展到今天已经形成很多流派。中国盆景受中国画的影响较大。树木的盆景式修剪主要是指那些根据盆景艺术的要求来修剪而成的树形，这种树形很多为画意树的树形，即模仿中国传统的国画，受画论影响较大。园林中常见的盆景式树形有：

直干式　树干直立，枝条分生横出，疏密有致，层次分明（图 12-27）。

斜干式　树干向一侧倾斜，一般略弯曲，枝条平展（图 12-28）。

悬崖式　树干弯曲下垂，冠部下垂如瀑布、悬崖。

卧干式　树干横卧，如卧龙之势（图 12-29）。

曲干式　树干弯曲向上，犹如游龙。常见的形式取三曲式，形如"之"字（图 12-30）。

图 12-27　单干式

图 12-28　斜干式

图 12-29　卧干式

图 12-30　曲干式

双干式　树二株一丛，或树一株树干为二(图 12-31)。

三干式　树三株一丛或一株三干(图 12-32)。

多干式　一本多干式。

丛林式　多株丛植，模仿山林风光。

圆片式　传统的苏派造型为圆片式和六台三托一顶，主要是粗扎细剪呈馒头状。
(图 12-33)

图 12-31　双干式

图 12-32　三干式

图 12-33　圆片式

　　游龙式　又称"之"字弯。

　　云片式　扬派代表树形。

　　书法式　略。

12.4　造型树木的养护性修剪

　　造型苗木要定期修剪，要加强土肥水管理和病虫害防治，促使苗木生长健康，造型优美。

　　首先是常规修剪，将枯死枝、病虫枝剪去，其次是在既定造型方案指导下，不断完善造型，对长出造型以外的部分要短截，在缺少枝条的部位通过牵引诱导或短截促生分枝的办法来补充枝条，使造型更丰满，如北京地区圆柏造型，春天修剪 2 次，夏天修剪 4 次，秋天修剪 2 次即可。具体的每种造型的修剪因造型而异。

　　总体来说，造型树木需要定期修剪才能维持其造型，故管理上费工费时；其次，造型树木修剪控制了树木体量，降低了生态效益；最后，中国传统园林追求的是"虽由人作，宛自天开"，而造型树木人工味过浓。因此，造型树木不宜大量应用。

思　考　题

1. 树木造型的程序包括哪几步？
2. 造型树木优劣评判标准是什么？
3. 造型树木材料一般应具有哪些特点？
4. 造型树木与自然树形的树木养护方面有何异同？

第 13 章
树木根系的修剪

[本章提要] 主要讲述了根系的功能，根系修剪的作用，苗圃中容器苗、地栽苗和园林中根系修剪的方法。

13.1　根系的功能

树木的根系具有固着、吸收、合成、输导、贮藏、繁殖、景观等多种功能。由于根系常常深埋于土壤中，其重要性往往容易被忽视，因此这里要着重强调一下根系的重要作用。

（1）维持树体安全

根系深埋于土壤中，使树木地上部分得以固定，保持屹立不倒。对于裸子植物和大部分双子叶植物来讲，根的支撑固定作用主要依赖于骨干根的生长情况，如果根系自然生长，分布深远，没有受到任何破坏，那么这棵树就会很牢固安全。相反，如果根系受到土壤空间的限制，根系不能舒展，或受到人为的切割，导致根系受损，则树木的安全性就会受到影响，甚至成为安全隐患（图13-1～图13-5）。

图13-1　缠绕根与回旋根，
影响树体安全

图13-2　根系使地面铺装凸凹不平，
切断根系，影响树体安全

图 13-3　容器苗根系　　　　图 13-4　容器壁附近根系发生偏移

（2）吸收水分和矿质盐类

树体需要的营养物质，大部分由根系自土壤中获取。根主要从土壤中吸收水分和呈溶解状态的二氧化碳或碳酸盐，供树木光合作用需要。树木也从土壤中吸收硝酸盐、磷酸盐、硫酸盐，以及钾、钙、镁等离子。不同种类的树木吸收矿质种类及其比例是不同的；有的树木能富集土壤或水体的重金属，可以净化土壤或水体的污染作用。

树木根系吸收矿质营养的主要部位是根毛和幼嫩的表皮。从土壤中吸收矿质元素最活跃的区域是根冠和顶端分生组织，以及根毛发生区。树木移植时根系受到损坏，因此需要修剪树木树叶，以保持根冠代谢平衡。

（3）合成氨基酸和蛋白质

根系能合成氨基酸，进而构成蛋白质；根能形成细胞分裂素、赤霉素或植物碱，这些对地上部分的生长有着很大的影响。

（4）贮藏部分营养

根系能贮藏部分营养。

（5）输导作用

根系吸收的矿物质和水分，可通过输导组织运往地上部分，叶制造的有机物输送到根，再经根的微管组织输送到根的各部分，以维持根的生长和发育。

（6）繁殖作用

如泡桐等有些植物的根具有产生不定芽的能力，可以用于繁殖植物。

（7）景观功能

根系具有观赏价值，如盆景作为最小的园林，有时需要"提根"，即将根系露出来进行观赏，尤其是川派盆景的"提根式"，重点要发挥根系的景观功能。热带雨林景观中的板根现象也是重要的园林景观。榕树的独木成林，实际也是榕树的气生根深入地下后形成的景观。榕树长在悬崖峭壁上形成险峻的景观。

13.2　根系修剪的作用

(1)根系修剪可有效控制树体营养生长，促进其生殖生长

树木树势过旺、树体过大，造成营养的过度消耗，不利于花芽形成，影响开花和结果。合理的根系修剪可促发短枝，抑制营养生长，促进开花结果。不同时期进行根系修剪效果是不同的。张文(2013)在陕西省礼泉县苹果试验园以 18 年生 Ma6 矮化中间砧'长富 2 号'为试材，在秋季、春季萌芽期及花后进行根系修剪处理，测定新梢、根系及叶片的内源激素含量、光合特性、叶片质量、枝类组成、冠层特性、根系活力、产量及果实品质等指标。结果发现：不同时期进行根系修剪处理均有利于提高短枝的比例，减少总枝量。但是不同时期根系修剪对苹果树生长与结果的影响有差异：萌芽期和花后根系修剪，降低树体叶面积指数；秋季根系修剪，在翌年生长季前期的根系活力较高，叶片 N、P、K 营养含量高，叶片质量相对较好。萌芽期根剪，生长季中后期根系活力高，叶面积指数小，增加树冠透光率。秋季根剪的果树，果实的可溶性固形物、可滴定酸、维生素 C 含量、果皮花青苷、果面鲜艳程度均有明显的提高。萌芽期根系修剪，在改善果形指数、果肉硬度及果面光泽度方面优于其他处理。花后根系修剪更有利于提高产量。

韩守良等(2012)为了研究根系修剪强度对冬枣开花结实的影响，以 6 年生冬枣为试材，分别在行间两侧距树干 3 倍、5 倍和 7 倍胸径距离处对其进行根系修剪处理，结果是 3 倍胸径根系修剪的处理，能有效地抑制枣吊数量和花朵总数，提高了坐果率和果实的维生素 C 和总糖的含量，降低了总酸的含量。所以，他们认为 3 倍胸径距离根剪是改善生殖生长的最佳距离。

(2)截断主根，有利于促发侧根

松、栎类等深根系的树种，主根发达，垂直向下生长，深入土层可达 3～5m，整个根系像个倒圆锥体。在通透性好、水分充足的土壤中分布较深，故又叫深根性根系。这类树种一般应种植在土层深厚的土壤中，容器栽植需要深盆。育苗时应进行断根处理，促发更多侧根，利于移植成活。

(3)修剪受伤的根系，有利于伤口的愈合

对受伤根系的伤口用工具修剪平整，有利于伤口愈合。

(4)适时断根缩坨，有利于提高大树移植成活率

对于需要移植的大树，提前 1～2 年进行断根缩坨处理，提高移植成活率，确保景观效果。

(5)对缠绕根进行修剪有利于提高树木的安全性

缠绕根影响树木的正常生长发育，使根系不够舒展，使树木的固定作用降低，也影响水分和营养的吸收。通过适当修剪，改善根系树木的生长，提高安全性。

（6）对旺长树进行断根，有利于缓和树木的长势

对生长过旺的树木进行断根处理，促进开花结果。园林中的花灌木或绿化果树，有时会出现长势过旺，不开花（不结果）或花果稀少，严重影响园林观赏效果。进行适当的断根处理，可以平衡树势，促进开花结果。

（7）修剪根系提高试管苗移植的成活率和苗木质量

张肖凌、赵永平（2010）对葡萄试管苗进行剪根处理（保留根长 3～4cm），研究其对移栽成活率的影响。结果表明：葡萄试管苗的根系经过适当修剪后，首先提高了移栽成活率。剪根后葡萄试管苗的成活率平均为 94%，而不剪根的移栽成活率平均为 83%，葡萄试管苗进行修剪后其移栽成活率提高 11%。其次，剪根处理可以增加葡萄试管苗的存活叶片数。剪根的存活叶片数平均为 6 叶，而不剪根的存活叶片数平均为 5 叶，葡萄试管苗进行修剪后其单株可增加叶片数 1 叶，相对提高 20.0%。最后，剪根处理可增加葡萄试管苗的新生根数。剪根的新生根数平均为 11 条，而不剪根的新生根数平均为 8 条，葡萄试管苗进行修剪后其单株可增加新生根 4 条，相对提高 37.5%。

13.3　苗圃中根系的修剪

13.3.1　地栽苗根系的修剪

传统苗圃为培养大苗需要通过移植来扩大株行距，在苗木移植时要对冗长根进行短截，防止苗木窝根等根系生长不良现象发生；对劈裂根要剪除。对于苗圃中的留床苗也要进行断根处理，以促发更多新根，提高苗木种植的成活率。

对于那些主根发达、侧根不发达的直根系树种，如栎类等的育苗，育苗时应采取切断主根的方法，促发侧根，以提高苗木移植的成活率。

13.3.2　容器苗的根系修剪

13.3.2.1　普通容器育苗

传统的育苗容器，由于容器壁的限制，苗木的根系会沿容器壁发生向上或向下弯曲或者形成缠绕根，这样的根系需要修剪（图 3-5）。当苗木换盆时，要从发生弯曲或缠绕的地方将这些扭曲的根剪掉，避免以后形成根系的缺陷。把容器苗根团外围扭曲的根系去除叫作根团的修整。根团修剪之后会形成更多的辐射型根系。

图 13-5　传统容器育苗形成的缠绕根

13.3.2.2　控根容器育苗

（1）控根容器的结构

控根容器通常由底盘、侧壁和插杆 3 个部件组成（图 3-6、13-7）。底盘具有防止根腐病和控制主根盘绕的功能；围边是控根容器的主体部分，表面凸凹相间，外侧顶端有小孔，既可扩大围边表面积，又具有"气剪"（空气修剪）侧根的作用；插杆拆卸方便，对容器具有固定、拉紧的作用。

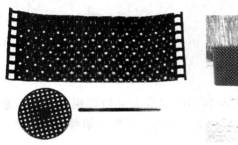

图 13-6　控根容器的组成　　　　图 13-7　不同规格的控根容器

（2）控根容器作用

① 增加根系数量　控根育苗容器的内壁设计有特殊涂层，且容器侧壁凹凸相间，外部突出的顶端有通气孔，当种苗根系向外和向下生长，接触到空气时（侧壁上的小孔）根尖就会停止生长，实施"空气修剪"，抑制无用根生长，接着在根尖后部萌发 3 条或 3 条以上新根，继续向外向下生长，根的数量以 3 的级数递增（图 13-8）。

图 13-8　控根容器培育的根系

② 避免形成缠绕根等不良根系　正确地利用控根容器育苗，可以使侧根形状短而粗，发育数量大，接近自然生长状态（图 3-9），不会形成缠绕在一起的盘根。同时，由于控根育苗容器底层的结构特殊，使向下生长的根在基部被空气修剪，在容器底部 20 mm 形成对水生病菌的绝缘层，确保苗木的健康。

图 13-9　控根容器应用合理的根系状态

图 13-10　控根容器应用不合理，
空气切根作用不能发挥

③ 提高苗木栽植成活率　控根育苗容器内形成大量短而粗的侧根，移植时根系几乎不受损伤，苗木移植成活率高，栽后生长迅速，可用来培育大龄苗木，栽植不受季节限制。

（3）控根容器育苗注意事项

①控根育苗容器的场地要求　一般要摆放在平坦的水泥地、铺装场地上，如地面为裸露土壤则应在地面垫一层石子或粗炭渣，地面经常洒水保持湿度，以利于根系生长。

②控根容器苗木不宜长时间放在土地上　以免根系从容器长出扎入地下，失去控根作用。

③北方寒冷地区冬季要注意越冬防寒　可以采取埋土越冬等防寒措施，切记春季温度回升后及时从土中起出容器。不能长期将容器埋入土壤中，否则丧失其切根作用（图 13-10）。

④正确利用控根容器育苗　如果将控根容器埋入土中，就会失去空气切根的作用，需要及时换盆，否则根系容易从侧壁孔里长出来，这样的苗木栽植的时候需要修剪根系。

13.4　园林养护时期根系的修剪与管理

（1）根系的垂直分布与修剪

树木的根系分为浅根系和深根系（图 13-11）。浅根系的树种有杉木、冷杉、云杉、槭、刺槐、桃、樱桃、梅花，以及落羽杉等耐水湿的树种。苹果、梨、柿、核桃、银杏、樟树、栎树等树种的根系分布较深。园林中，由于地面铺装，浅根系的水平根容易受到影响，不能随意地切断根系，因为这样既影响树木的健康生长，也会对行人形成安全隐患。可以采取树木种植穴的方式加以处理，上面用树箅子或木栈道等形式保护根系。

（2）根系的水平分布与修剪

通常根系水平分布的密集范围是在树冠垂直投影外缘的内外侧，也是施肥的最佳范围，根系水平扩展的范围最远达冠幅的 2～5 倍。

在埋设地下管线等市政工程设施时，有时不得不切断树根，这时候要考虑在什么位置切根以不影响树木安全。对于成年大树而言，建议在距离树干直径的 6～8 倍处切根。至少离树干的距离不能少于树干粗度的 3 倍。如果超过 1/3 的支撑根严重腐烂，或者被切断，那么该树就应该砍除。

像栎树等深根性的大树生长在排水良好的土壤中，虽然被切根的距离小于树干直径的 3 倍，但也不会导致大树立刻倒伏。有研究证明，把栎树距离幼树树干直径 5 倍距离处一侧的根系全部切掉也不影响树木的稳定。

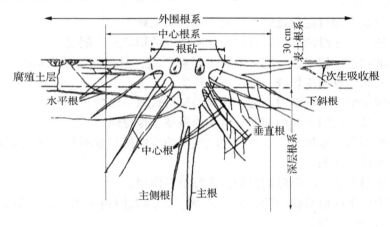

图 13-11　根系的分布

在根系修剪时，不应采取修剪枝叶的方式来平衡根系修剪带来的水分损失。因为去除有生活力的枝条会降低树木光合作用的能力。

对于那些根系固定能力较差的大树，应该稀疏树冠，降低树木倒伏的危险。当需要在树木根系附近安装电缆或者维修公共设施时，应优先考虑避免切根的替代方案（表 13-1）。

表 13-1　根系修剪的替换方案

情　况	替代方案
根系将地面铺装拱起	暂停在上面行走，在根系上方架设木栈道
围绕树干四周设计人行道	将人行道变窄
在树冠投影下安装公共设施； 使用无沟技术在根系下开渠	在树木较远处开沟； 将设施安装在已有的沟内
规划建筑离树干太近	修改建筑规划，让建筑离树更远一点
草坪表面的根	在根系表面覆盖砾石或者稻草等覆盖物

(3) 树木根系修剪的原则

根系的修剪尽量远离树干，除了去除缠绕根外，避免对树干直径 3 倍范围内的根系进行修剪；直径大于 5cm 的根应尽量保留，不要切断。

(4) 注意事项

切根对树木安全性影响的程度受树种、树龄、切口的多少、切口的大小等多因素制约。

① 树种　不同树种对根系修剪的忍耐能力不同。

② 树龄　老龄树根系愈合慢，尽量不要修剪老树的根系。对于一些老树，切根粗度大于 2.5cm 就会产生生理胁迫。倾斜的树不适合根系修剪，尤其是倾斜的对面一侧的根应严禁切掉。

③ 切口位置　切口越靠近树干，对树木的影响越大。

④ 切口质量　平滑的切口容易愈合，不整齐的切口愈合缓慢。

⑤ 切根的数量　切根数量越多对树木影响严重，对树木根系伤口的愈合越不利。伸出地表的根系尽量减少切割，切后很难再生。

⑥ 树的健康情况　不要对不健康状况的树进行根系修剪。

⑦ 土壤覆盖　黑暗中和湿润的土壤中的根系生根更快。

⑧ 土壤类型和场地排水　生长在土壤浅薄地方的树尽量不要切根。如果必须切根也要尽量远离树干切割。

⑨ 树的倾斜程度　不要对倾斜的树进行根系修剪。

对园林中树木的根系修剪要设立提示牌，告知人们树木根系修剪后有倒伏的危险，要注意自身的安全。

思　考　题

1. 栎类等直根系花木育苗时应注意些什么？怎样才能提高苗木种植的成活率？

2. 控根容器育苗培养大规格苗木，将容器埋入土中合适吗？为什么？

3. 直接将控根容器放到土壤上育苗有何弊端，为什么？

4. 悬铃木、刺槐等浅根系树木用作行道树，因根系生长常把透气的铺装变得凸凹不平，能把这些拱起的大根截断吗？应该如何处理才好？

5. 一个树池结合座凳的种植穴，其规格为 1.5m×1.5m×1m，里面种植的是悬铃木，应修剪成什么样的树形？树干枝下高度留多高合适？

参 考 文 献

DAVID SQUIRE. 巧手园艺系列修剪[M]. 肖立梅, 译. 长沙: 湖南科学技术出版社, 2006.

[日]小黑晃, 杉井明美, 等. 花木栽培与造型图解[M]. 郑州: 河南科学技术出版社, 2002.

陈有民. 园林树木学[M]. 2版. 北京: 中国林业出版社, 2011.

韩守良. 根学修剪对冬枣生殖生长的影响[J]. 安徽农业科学, 2012, 40(4): 200-202.

韩守良, 王学芬, 杨守军, 等. 根系修剪对冬枣生殖生长的影响及作用机理[J]. 安徽农业科学,
    2012, 40 (4): 2000-2002.

胡长龙. 观赏花木整形修剪图说[M]. 上海: 上海科学技术出版社, 1996.

蒋永明, 翁智林. 绿化苗木培育手册[M]. 上海: 上海科学技术出版社, 2005.

李合生. 现代植物生理学[M]. 北京: 高等教育出版社, 2002.

刘海桑. 观赏棕榈[M]. 北京: 中国林业出版社, 2002.

龙雅宜. 园林植物栽培手册[M]. 北京: 中国林业出版社, 2003.

卢学义. 北方林木育苗技术手册[M]. 沈阳: 辽宁科学技术出版社, 1989.

鲁平. 园林植物修剪与造型造景[M]. 北京: 中国林业出版社, 2006.

彭春生, 李淑萍. 盆景学[M]. 3版. 北京: 中国林业出版社, 2009.

青木司光. 观赏树木整形修剪图解[M]. 沈阳: 辽宁科学技术出版社, 2001.

汪菊渊. 中国古代园林史[M]. 北京: 中国建筑工业出版社, 2006.

吴耕民. 果树修剪学[M]. 上海: 上海科学技术出版社, 1979.

吴国芳, 等. 植物学[M]. 北京: 高等教育出版社, 2004.

叶要妹, 包满珠. 园林树木栽植养护学[M]. 4版. 北京: 中国林业出版社, 2017.

俞玖. 园林苗圃[M]. 北京: 中国林业出版社, 2002.

张文. 不同时期根学修剪对苹果树内源激素及生长结果的影响研究[D]. 西北农林大学, 2013.

张文, 朱雪荣, 李卫, 等. 根系修剪对苹果树根系活力及冠层特性的影响[J]. 北方园艺, 2013
    (20): 10-13.

张肖凌, 赵永平. 葡萄试管苗根学修剪及药剂处理对其移栽成活率的影响[J]. 北方园艺, 2010
    (24): 59-60.

张秀英. 观赏花木整形修剪[M]. 北京: 中国农业出版社, 1999.

张秀英. 园林树木栽培养护学[M]. 北京: 高等教育出版社, 2005.

邹长松. 观赏树木修剪技术[M]. 北京: 中国林业出版社, 1992.

附录1
整形修剪专业术语

1. 园景树：是指有较高观赏价值，在园林绿地中能独自形成美好景观的树木（主要是乔木、灌木），园景树又叫孤植树。园景树通常作为庭园和园林局部的中心景物，主要观赏其树形或姿态，也有观赏其花、果、叶色的。

2. 丛生型苗木：是指自然生长的，树形呈丛生状的苗木。丛生型灌木主要质量要求：灌丛丰满，主侧枝分布均匀，主枝数不少于5枝，灌高应有3枝以上的主枝达到规定的标准要求，平均高度达到1.0m以上。

3. 匍匐型苗木：是指自然生长的树形呈匍匐状的苗木。匍匐型灌木主要质量要求：应有3个以上主枝长度达到0.5m以上。

4. 单干型苗木：是指自然生长或经过人工整形后具1个主干的苗木。

5. 乔木：是指整体高大，主干明显而直立，一般高度在3m以上的树木。乔木根据树高又可分为3类：大乔木（高20m以上），中乔木（高10～20m），小乔木（高3～10m）。

6. 主干：是乔木地上部分的主轴，上承树冠，下接根系，即第一个分枝点以下到地面的部分。

7. 干高：一般指从地表面到乔木树冠的最下分枝点的垂直高度，又叫分枝点高，也叫枝下高。

8. 中干：主干在树冠中的延长部分，又叫中央领导干。

9. 主枝：在中干上着生的主要枝条叫主枝。主枝构成树体的骨架。离地面最近的主枝叫第一主枝，依次向上叫第二主枝、第三主枝。

10. 侧枝：在主枝上着生的主要枝条。从主枝基部最下方长出的侧枝叫第一侧枝，向上依次为第二侧枝、第三侧枝。

11. 枝组：枝的组合叫枝组。

12. 延长枝：各级骨干枝的延长部分。

13. 骨干枝：组成树冠骨架的永久性枝条的总称。

14. 树冠：主干以上枝叶部分的总称。

15. 直立枝：直立向上生长的枝条。

16. 斜生枝：枝条与水平线有一定角度而向上生长的枝条，角度小于90°。

17. 水平枝：在水平线方向上生长的枝条。

18. 下垂枝：枝条先端下垂的枝条。一般长势弱。

19. 内向枝：枝条生长方向伸向树冠中心的枝。

20. 重叠枝：两个枝条在同一个垂直平面内上下重叠，称为重叠枝。

21. 竞争枝：与主枝相比，生长过快的枝条。

22. 平行枝：两枝条在同一个水平面上相互平行伸展，叫平行枝。要通过改变方向或短截一个疏一个。

23. 轮生枝：自同一节上或很接近的地方长出，向四周放射状伸展的几个枝条。每一轮枝不宜留得过多。

24. 交叉枝：两个以上相互交叉生长的枝。交叉枝一般疏去或短截一个。

25. 春梢：春季休眠芽萌发形成的枝梢。

26. 夏梢：夏季7~8月抽生的枝梢。

27. 秋梢：秋季抽生的枝梢。在温带地区，树木上秋梢一般发育不充实。

28. 一次枝：春季第一次由芽发育而成的枝条。

29. 二次枝：当年在一次枝上抽生而形成的枝条。

30. 生长枝：当年生长后不开花结果，直到秋冬也无花芽和混合芽的枝。

31. 徒长枝：生长特旺，节间长，枝粗叶大，芽较小，组织不充实且直立生长。徒长枝一般不能甩放。

32. 开花(结果)枝：生长较慢，其一部分芽变成混合芽或花芽，能开花，是观果树木结果的主要部位。花枝按长度可分为长花枝、中花枝、短花枝等。果树上把花枝叫结果枝。

33. 更新枝：用来替代衰老枝条的枝。在成年树和老年观果树木的更新上常用。

34. 辅养枝：对树体起临时性的辅助营养作用的枝条，又叫临时枝。辅养枝对幼年期苗木快速成型和早开花很重要。

35. 叶丛枝：枝条节间短，叶片密集呈莲座状的短枝。

36. 顶芽：着生在枝条顶端的芽。

37. 侧芽：着生在叶腋的芽，叫腋芽或侧芽。

38. 定芽：在固定位置发生的芽，叫定芽。如顶芽、腋芽都是定芽。

39. 不定芽：在茎或根上，发生位置不定的芽。通常不定芽萌生的枝不如定芽萌生的枝结构牢固。

40. 叶芽：当年只能抽枝长叶，不能开花结果的芽。

41. 花芽：只能开花结果的芽。

42. 混合芽：一个芽内含有叶芽和花芽的组成部分，既能抽枝长叶，也能开花结果的芽，叫混合芽。如梨、苹果、石楠、白丁香、海棠的芽。

43. 盲芽：春、秋两季之间，顶芽暂时停止生长时所留下的痕迹。盲芽实际上不是芽。

44. 单芽：一个节上只着生1个芽。

45. 复芽：一个节上有2个以上的芽。

46. 副芽：叶腋中除主芽以外的芽叫副芽。有的树种副芽常潜伏，称为隐芽。

47. 活动芽：在生长季节活动的芽，叫活动芽。

48. 休眠芽：温带的多年生木本植物，许多枝上往往只有顶芽和近上端的一些腋芽活动，大部分的腋芽在生长季不萌发，保持休眠状态，叫休眠芽或潜伏芽。

49. 顶端优势：顶芽与腋芽的生长发育是相互制约的，位于枝条顶端的芽或枝条，萌芽力和生长势最强，而向下依次减弱的现象称为顶端优势。

50. 芽的异质性：由于芽形成时，枝叶内部营养状况和外界环境条件的不同，使着生在同一枝条上不同部位的芽，存在大小、饱满程度差异的现象，称之为芽的异质性。

51. 萌芽率和成枝力：一年生营养枝短截后芽的萌发能力，称萌芽力。常用萌芽数占该枝上芽的总数的百分数表示，称萌芽率。一年生营养枝短截后，可长成 15cm 以上长枝条数量的能力叫成枝力。

52. 芽的早熟性：树木的芽形成的当年即能萌发者，称芽的早熟性。

53. 分枝角度：新枝与其着生的枝条间的夹角称为分枝角度。

54. 层性：针、阔叶树的枝条都有顶端优势，新萌发的枝条多集中于枝条顶端，构成一年向上生长一层，形成枝条成层分布，这种现象称为层性。有时层性会形成一种副作用，即"卡脖子"现象。

55. "卡脖子"：所谓"卡脖子"现象就是主干的干性不强，而成层分布的几个主枝与中心主干的结构常常不很牢固，使分枝点上部的主干得不到足够的养分，造成该分枝点上下主干的差异过大，

56. 单轴分枝：主干（主轴）总是由顶芽不断地向上伸展而成，这种分枝方式叫单轴分枝或总状分枝。

57. 合轴分枝：主干是由许多腋芽发育而成的侧枝联合组成，所以叫合轴，这种分枝方式叫合轴分枝。

58. 假二叉分枝：是具有对生叶的植物，在顶芽停止生长后，或顶芽是花芽，在花芽开花后，由下面的两侧腋芽同时发育而成二叉分枝。所以，假二叉分枝实际是一种合轴分枝方式的变化。

59. 枝领：有些树种，当枝条直径比树干直径小很多时，在主枝与树干分叉处表现为枝条基部侧面明显的膨胀，它是由树干的组织和树枝的组织重叠在一起形成的，这个特殊的结构叫枝领。

60. 枝皮脊：在枝与干分叉处的夹角里形成，并从两边向树干的下方延伸的，由粗糙的变黑的隆起的树皮组成的结构，叫枝皮脊。

61. 内含皮：两个枝之间或枝与干之间树皮的挤压或嵌入形成的结构，它阻碍枝皮脊的形成，是一个弱的结合的表征，在其分叉处容易劈裂。

62. 枝条保护带：在枝领里面的一个区域，能产生酚类、树脂和萜烯类化学物质，它们能阻止微生物的扩散，阻止腐烂从枝蔓延到干，这个区域从树枝外观上看不见，树木消耗能量建造了这个枝条保护带，正是它阻止了腐烂的扩散。

63. 髓射线：是几组长的活细胞，从韧皮部进入木质部，直向树干的中心，布满树干、枝条、根部。

64. 伤流：树干基部受伤或折断时，伤口溢出液体的现象叫伤流。伤流是由根压

引起的，伤流液中含有多种无机离子、氨基酸及植物激素。

65. 生长季修剪：是自萌芽后至新梢或副梢停止生长前进行（一般 4～10 月），其具体日期也因当地气候条件及树种特性而异。

66. 修剪周期：就是指两次修剪的间隔期。

67. 补救性修剪：直到园林树木出现问题时才进行的修剪。

68. 预防性修剪：由专业人员制定修剪方案，按修剪计划进行的修剪。

69. 树形：是树冠形状的简称。

70. 自然式整形：是在树木本身特有的自然树形基础上，稍加人工调整和干预，形成自然的树形。

71. 规则式修剪：根据园林造景的特殊要求，有时将树木整剪成规则的几何形体，如方形、圆形、多边形等，或整剪成非规则式的各种形体，如鸟、兽等，这种整形修剪叫规则式修剪。

72. 杯状形：即是常讲的"三股六杈十二枝"，杯状形是由丛状形改造而成的，主干定干后无中心干，主干上着生 3 个主枝，俯视各主枝间呈120°，每一个主枝再分叉生成 2 个势力相等的主枝延长枝，下一年再一分为二，成为 12 个长势相等的分枝，停止向外延伸，树冠中空如同杯形。

73. 自然圆头形：有一个主干，主干上有 3～5 个主枝，错落着生于主干上，至一定时间再去掉中心主干，无中央领导干，但不呈开心形，而是闭心的。在主枝上根据情况培养副主枝与开花枝组。此种树形修剪量轻，成形快，造型易。

74. 自然开心形：此种树形是自然杯状形的改良与发展。主枝大多数为 3 个，也有 2 或 4 个主枝的。主枝在主干上错落着生，在主枝上适当地配备侧枝（同级侧枝要留在同方向）；同时，在主枝的背上、中部留有大的花枝组，上部和下部留有中、小花枝组。这种整形方式比较容易，又符合树木的自然发育特性，生长势强，骨架牢固，立体开花。目前园林中干性弱的强喜光树种多采用此种整形方式。

75. 疏散形：是指有一个明显的中干，主枝在中干上不是按一定距离分层配列，而是自然分布的树形。

76. 分层形：是指主枝在中干上是分层配置的，层与层之间留有一定的层间距。

77. 截：将枝条去掉一部分的操作统称为截。广义的截包括短截、回缩、摘心。

78. 短截：休眠季节将 1 年生枝剪去一部分叫短截。

79. 回缩：将多年生枝从梢端剪去一部分，并且截面后部有一个与截去部分粗细差不多或略细的分枝作为枝头，这个截叫回缩。回缩属于广义的截。

80. 摘心：为了使枝叶生长健壮或为了促生分枝，生长季将当年生新梢的梢头掐去或摘除，叫摘心，又叫掐尖、打头。

81. 断根：将植株的根系在一定范围内全部切断的措施叫断根。进行抑制栽培时常常采取断根的措施。

82. 疏除：将不需要的枝条从基部全部剪掉称为疏除，亦称疏删、疏剪、删剪，简称疏。

83. 抹芽：芽萌发前，将干或枝条上多余的芽摘除，称抹芽或除芽。抹芽可以减少无用芽对营养的消耗，使营养集中到被保留的芽上。

84. 疏花疏果：是指将花蕾或果实摘除。

85. 摘叶：将叶片带叶柄剪除称摘叶。

86. 放：营养枝不剪称甩放或长放。

87. 目伤：是在芽或枝的上方或下方进行刻伤，伤口的形状像眼睛，所以称为目伤。

88. 纵伤：指在枝干上用刀纵切，深达木质部的措施，作用是减弱了对树皮的机械束缚力，促使枝条加粗生长。盆景树木常用此法使树增粗变老。

89. 横伤：是对树干或粗大主枝横砍数刀，深及木质部。作用是阻滞有机物向下运输，利于花芽分化，促进开花结实丰产。

90. 环剥：生长季将枝条的皮层和韧皮部剥去一圈的措施叫环状剥皮，简称环剥。

91. 折裂：为了使枝弯曲，使之形成各种艺术造型，常在早春芽稍微萌动时，用刀斜向切入，深达枝条直径的 1/2～2/3 处，然后小心地将枝弯折，并利用木质部折裂处的斜面互相顶住，这个措施叫折裂。

92. 扭梢：就是生长季当新梢长到 20～30cm，已半木质化时，将旺梢向下扭曲，木质部和皮层都被扭伤而改变了枝梢方向。

93. 拿枝：是用手对旺梢自基部到顶部捏一捏，伤及木质部，响而不折，即通常花农所说的"伤骨不伤皮"。

94. 倒贴皮：生长季将枝或干上的皮切掉一块，取出倒过来再贴上的操作，叫倒贴皮。

95. 变：指改变枝条生长的方向和角度，以调节顶端优势为目的的整形措施，变可改变树冠结构，变的形式有屈枝、拉枝、圈枝、撑枝、蟠扎等。

96. 化学修剪：指采用植物生长调节剂，延缓植物生长速度，使植物生长矮壮或增加分枝，代替部分修剪操作。

97. 行道树：是指种植在道路两旁，给车辆和行人遮阴，并构成街景的树种。

98. 庭荫树：是指栽种在庭园或公园，以取其绿荫为主要目的的树种。

99. 胸径：是指树干离地面 130cm 高处的直径，又叫干径。

100. 树高：树木自地面到树冠顶端的高度叫树高。常绿乔木的规格通常以树高计。

101. 枝下高：自树冠下部第一个分枝到地面的垂直高度叫枝下高，又叫分枝点高度。

102. 永久冠：是指那些在园林树木中能保留下来的、将来不用再去掉的树枝构成的树冠。永久冠与临时冠是相对应的概念。

103. 冠高比：苗冠长度与苗木高度之比。

104. 高粗比：苗木高度与粗度之比，高粗比过大，树干容易风折。

105. 透景式修剪：当行道树或庭荫树的后面风景优美需要供人们欣赏时，就要开辟透景线，这种修剪叫透景式修剪。透景式修剪常用手法是抬高树冠、控制树木体量、在树冠中开洞等。

106. 荫木类：行道树、庭荫树等以遮阴功能为主要目的的乔木树种。

107. 平茬：每年都将枝条截到接近地面处的同一个位置，叫平茬。

108. 截梢：截梢与平茬的不同之处是，截梢的位置离地面较高，其他与平茬基本一样，也是为了控制树木的高度，每年截到同一个位置，每年截去的都是1年生枝，不要损伤这个截梢的头。

109. 截顶：为了缩小或保持树木体量，将树头在多年生枝处截去，很容易形成树木衰退或腐烂，这是不适当的修剪方法。

附录2
各类花木整形修剪要点索引

索引使用举例说明：

白蜡　7.4.3，9.2.1.1，9.2.3.1，图9-6，9.2.4

其中，7.4.3，9.2.1.1，9.2.3.1和9.2.4为在正文中的章节号；图9-6为在正文中的图编号。